SABA's Kitchen

一次學會

[蒸·燉·煮！]

薩巴蒂娜／主編

水的烹飪魔法

　　廚房就是水與火的遊戲。

　　吃過順德的桑拿魚，切好的魚片只需上鍋蒸25秒，魚肉彈牙好吃，鮮美無比。而下麵的鍋子則煮魚頭和魚骨，並承接流淌的魚汁，一鍋兩菜，只用水就足夠了。你便知道，魚這麼嫩的食材，蒸是最合適的烹調方式。

　　現在我越來越喜歡只用水來烹飪了：蒸水蛋，蒸肉餅，蒸地瓜，蒸魚，煮粥，煮茶葉蛋，煮花生，煮丸子湯，燉豇豆排骨，燉酸蘿蔔老鴨，燉雞湯冬瓜，燉木瓜銀耳……烹煮完畢廚房依然是乾淨的，沒有油煙汙染周遭，也沒有油珠飛濺汙染灶台，甚至吃完飯的碗盤都很容易清潔。身為每天都愛做飯的我，不得不大力推薦蒸燉煮的烹飪方式。

　　有時候用電子鍋蒸一鍋馬鈴薯米飯，丟一條臘腸進去，臨出鍋的時候在米飯上放 2 株青菜，就是一頓飯，十分快捷方便。若嫌清淡，就滴幾滴上好的醬油或者挖一杓辣椒醬，就完成了。若奢侈一點，還可以另外用湯鍋煲個綠豆粥，美味滿分。

　　帶筋的牛肉煲上濃濃的一鍋，放涼了切片，用熱饅頭夾著吃，我可以吃一個星期也不膩。剩下的湯汁還可以切點紅蘿蔔放進去煮軟，又是一道菜。

　　吃多了煙薰火燎，不妨只用蒸燉煮來做一餐。火可以爆出食材的香，而水能激出食材的原味。我愛火的熾烈，也喜歡水的柔情。

　　此書，值得一試！

高欣茹

目錄 CONTENTS

常用計量單位對照表
1 小匙固體材料=5 克
1 大匙固體材料=15 克
1 小匙液體材料=5 cc
1 大匙液體材料=15 cc

Chapter 1

蒸

腐乳蒸方肉
018

黃豆芽蒸肉餅
020

苦瓜鑲肉
021

扣蒸酥肉
022

鹹蛋黃蒸肉捲
024

番茄蒸肉盅
026

榨菜肉末蒸豆腐
028

粉蒸排骨
030

蒸三鮮
031

荷葉臘味蒸飯
032

小米蒸牛肉
034

豉汁鳳爪
036

蔥薑蒸嫩雞
038

酒釀蒸雞翅
040

薑絲豆豉蒸鱈魚
041

咖哩雞肉鷹嘴豆
084

麻辣煮鴨血
086

咖哩煮鮭魚
087

鮪魚煮馬鈴薯
088

義式水煮鱸魚
090

酸辣濃湯煮魚丸
092

醬油水煮黃魚
094

泡椒煮魚頭
096

泰式綠咖哩煮蝦仁
097

麻婆蝦仁豆腐
098

蝦仁煮冬瓜
100

蝦皮煮芥藍
101

白酒孔雀蛤
102

味噌煮蛤蜊
104

上湯菠菜
106

泉水蘿蔔
108

栗子煮白菜
109

腐竹煮白果
110

奶油煮玉米
111

蠔油煮雙冬
112

酸菜煮蒟蒻
114

海帶芽煮鮮筍
116

番茄煮櫛瓜
118

五香滷煮毛豆
120

Chapter 3

燉

Chapter 4
鍋物

本書使用說明

時間、難易度
清楚明瞭

看著名字
就流口水

需要用到的食材
一目了然

餐食美味和健康的祕密，
在這裡告訴你

「烹飪祕笈」
讓你與美味不
再失之交臂

詳盡的圖文操作步驟
讓你輕鬆上手

◎為了確保食譜的可行性，本書的每一道菜都經過薩巴廚房團隊試做、試吃，並且是現場烹飪後直接拍攝完成。

◎本書每道食譜都有步驟圖、烹飪祕笈、烹飪難度和烹飪時間的指引，確保您照著作法一步步操作便可以做出好吃的菜餚，但是具體用量和火候的掌控則需要您經驗的累積。

蒸燉煮的準備工作

使用器具

蒸鍋

家家必備的蒸鍋，有竹製、不鏽鋼等多種材質，建議選擇密封效果好、蒸氣流失少的蒸鍋。

電蒸鍋

具有透明蒸蓋且能自動斷電的電蒸鍋，便於觀察內部情況，避免多次揭蓋使蒸氣流失。

雪平鍋

料理中出現頻率超高的小鍋，不易溢鍋，適合用於短時間煮製食物。

湯鍋

適合用於長時間的燉煮，建議選擇砂陶材質，保溫效果好，受熱均勻。

砂鍋

適合用於製作火鍋料理，建議選擇高度較淺但直徑稍大的鍋子。

常見食材的處理方式和製作時間參考

對於一些常見的食材，恰到好處的火候才能料理出最好的味道和口感。以下針對這些食材，提供不同的處理方式及相對應的烹製時間給您作為參考。您也可以根據家中的鍋具、火力的不同，進行調整。

肉類

雞

整隻（約750克）
🕐 40～50分鐘
剁塊 🕐 10～15分鐘

雞胸肉

整塊
🕐 15～20分鐘

雞全腿

整隻
🕐 18～22分鐘

肋排

塊
🕐 25分鐘

海鮮類

鯧魚

500克 🕐 8分鐘

鯽魚

750克 🕐 10分鐘

鯉魚

1000克 🕐 12分鐘

大黃魚

500 克　🕐 8 分鐘

比目魚

750 克　🕐 10 分鐘

海鱸魚

500 克　🕐 8 分鐘

魚頭

一剖為二，剁椒風味

🕐 15 ～ 18 分鐘

蝦

整尾

🕐 4 ～ 5 分鐘

蝦

開背或去殼

🕐 3 分鐘

扇貝

去半殼

🕐 3 分鐘

扇貝

蒜蓉冬粉

🕐 5 分鐘

蛤蜊

整顆　🕐 4 ～ 5 分鐘

（開口即可）

大閘蟹

200 ～ 300 克

🕐 12 ～ 15 分鐘

魚片

🕐 3 分鐘

011

蔬菜類

絲瓜

厚片

🕐 3 分鐘

絲瓜

切段

🕐 5 分鐘

芥藍

削去粗皮

🕐 5 分鐘

南瓜

切塊

🕐 15 分鐘

栗子南瓜

整個

🕐 30 分鐘

冬瓜

大塊

🕐 10 分鐘

嫩豆腐

厚片

🕐 5 分鐘

板豆腐

厚片

🕐 8 分鐘

金針菇

🕐 7 分鐘

娃娃菜

切厚片

🕐 8 分鐘

生菜

🕐 3 分鐘

壓力鍋燉煮食材時間表

說明：下面所記錄的時間為從洩壓閥穩定排氣後開始計時。

肋排

500 克 切段
⏱ 12 分鐘

牛腩

1000 克 大塊
⏱ 20 分鐘

豬蹄

整隻（約 1000 克）
⏱ 25 分鐘

雞

整隻（約 1000 克）
⏱ 18 ～ 20 分鐘（根據
雞的老、嫩程度決定）

米飯

500 克
⏱ 6 ～ 7 分鐘

馬鈴薯

整個（約 500 克）
⏱ 15 ～ 18 分鐘

地瓜

整個（約 500 克）
⏱ 15 ～ 18 分鐘

料理用高湯的作法

為了讓食物更加入味，同時又能兼顧健康和味道自然，可以在家中試著自己做些調味料理用的高湯。

雞高湯

材料 土雞1隻／薑片3片／白胡椒粒5粒

料理中無所不能的基礎高湯，在蒸燉煮中都非常實用，適合清淡、原汁原味的料理。

❶ 將土雞洗淨，剁成大塊，放入冷水中浸泡，沖洗多次，清洗掉血水直至水澄清。

❷ 在湯鍋中將水煮沸，放入雞塊、薑片、拍破的白胡椒粒，大火煮開。

❸ 喜歡清雞湯者，可轉小火燉煮2小時左右；喜歡濃雞湯者，可中大火滾1小時至湯汁乳白。

❹ 過濾出湯汁備用。

日式高湯

❶ 將海帶清洗後剪小段，和1000cc清水放入鍋中，浸泡10分鐘，小火煮開，取出海帶。

❷ 加入柴魚片煮約30秒，關火，待柴魚片自然沉入鍋底。

❸ 過濾出湯汁備用。

材料 柴魚片30克
海帶20克

日式高湯是清淡的日式料理基礎，非常適合用於原味的燉煮料理或者蒸蛋羹。

豬骨高湯

材料　豬骨 400 克 / 薑片 3 片 / 蔥結 1 個 /
　　　白胡椒粒 5 粒

❶ 將豬骨洗淨，放入冷水
中浸泡、沖洗多次，清洗
掉血水直至水澄清。

❷ 將豬骨放入鍋中，加入
淹過豬骨的清水，大火煮開
後繼續煮 3 分鐘。取出豬
骨，徹底洗淨雜質和浮沫。

❸ 在湯鍋中將水煮沸，放
入豬骨、蔥結、薑片、拍
破的白胡椒粒，大火煮開。

❹ 喜歡清高湯者，可轉小
火燉煮 2 小時左右；喜歡
濃高湯者，可中大火滾 1
小時至湯汁乳白。

❺ 過濾出湯汁備用。

雞骨高湯

材料　雞骨架 1 副 / 海帶 10 克

相較於整隻雞，雞骨架的味道偏淡，而烤過
的雞骨架帶有迷人的香氣，小火煮出的湯汁
焦香而又鮮甜。

❶ 將雞骨架徹底洗乾淨，
去除淤血和雜質。

❷ 烤箱預熱 200℃，放入
雞骨架，烤至表面呈現明
顯的焦黃色。

❸ 將雞骨架、海帶和適量
清水一同放入鍋中，小火
慢慢煮開，沸騰之後取出
海帶，接著煮 30 分鐘。

❹ 過濾出湯汁備用。

市售高湯

如果沒有時間自製高湯，也可以選擇市售高湯，使用方便，只是味道沒有自己做的那樣自然清淡。

濃縮高湯調味料

市面上有很多種濃縮高湯調味料，有的是膠凍狀，有的是粉狀，味道多數都很濃郁，需要用大量清水稀釋，其優點是易於攜帶和保存。

即食高湯

除了濃縮高湯調味料外，還有一類高湯是打開包裝後可以直接使用的，但一般保存期限比較短，需要盡快使用。其優點是味道比濃縮高湯調味料更為自然。

蒸魚的基本處理方式

❶ 將魚刮去魚鱗，去鰓，徹底洗掉魚身上的黏液與淤血，刮掉肚內的黑膜（減少腥味）。

❷ 在魚身上用刀劃幾刀，幫助入味。

❸ 用鹽、白胡椒粉、料理酒將魚全身（包括肚內）擦一遍，撒上薑絲、蔥段，醃 10～15 分鐘使之入味。

❹ 去除掉薑、蔥（也可保留），仔細倒除滲出的血水，用廚房紙巾擦乾魚身與盤中的血水。

❺ 放入蒸箱或者蒸鍋中，蒸製適當的時間，取出。

❻ 撒上細薑絲與細蔥絲，淋上蒸魚豉油（蒸魚盤中的湯汁可保留用以稀釋蒸魚豉油的鹹味。仔細處理過血水的魚，蒸過後腥味較輕，如腥味重，建議去除湯汁）。

❼ 淋上熱油即可。

Chapter 1

蒸

鹹鮮軟嫩一方肉
腐乳蒸方肉

🕐 60 分鐘　🍮 中等

特色

傳統的豆腐乳竟然變身成為「神奇調味料」，面對色澤紅潤、鹹鮮軟爛的五花肉，還有什麼拒絕的理由呢？

材料

豬五花肉 300 克｜豆腐乳 30 克｜老抽 1 小匙｜生抽 1 小匙｜細砂糖 1 小匙｜料理酒 1 大匙｜蔥花 1 小匙｜薑片 3 片｜蔥結 1 個

烹飪祕笈

1 汆燙過水的五花肉放入冰箱冷藏 10 分鐘後再切片，方便成形，不易散。
2 這種作法也適用於豬腳。

作法

❶ 將豬五花肉處理乾淨，去除雜毛。

❷ 將五花肉、薑片、蔥結、1/2 大匙料理酒放入鍋中，加入淹過五花肉的水，大火煮開。

❸ 將五花肉撈出，洗乾淨，切成厚約 2 公釐的片狀。

❹ 在小碗中放入豆腐乳（搗碎）、生抽、老抽、細砂糖、1/2 大匙料理酒混合均勻。

❺ 將五花肉放入碗中，把作法 4 中調好的醬汁抹在五花肉上，靜置醃製 1 小時左右使之入味（醃一夜更入味）。

❻ 將蒸鍋中的水煮沸，待蒸鍋產生蒸氣，將碗口覆蓋鋁箔紙，放入蒸鍋，小火蒸約 40 分鐘，筷子能輕易插入肉中。

❼ 將五花肉裝盤，淋上底部的醬汁，撒上蔥花即可。

清清豆芽香
黃豆芽蒸肉餅

🕐 20 分鐘　👨‍🍳 簡單

特色

蒸好的肉餅汁液豐富，黃豆芽更添一分清香，這是一道沒有油煙的快手蒸菜。

材料

豬絞肉 300 克｜黃豆芽 100 克｜蔥花 1 大匙｜薑泥 1 小匙｜白胡椒粉少許｜鹽 1 小匙｜香油 2 小匙｜麵粉水 1 大匙｜蒸魚豉油少許

烹飪祕笈

可以用綠豆芽或者黑豆芽替換黃豆芽。

作法

❶ 將豬絞肉放入大碗中，加入 1 大匙清水、1 小匙鹽、白胡椒粉、香油、麵粉水、蔥花、薑泥，順著同一方向攪拌，直到呈現黏稠狀。

❷ 將黃豆芽整理乾淨，放入盤中。

❸ 將作法 1 中做好的肉餡拍成肉餅狀，放在黃豆芽上。

❹ 將蒸鍋中的水煮沸，待蒸鍋出現蒸氣，放入肉餅，大火蒸 15 分鐘。

❺ 取出盤子，淋上蒸魚豉油，撒上少許蔥花即可。

特色

苦瓜微苦、肉餡鮮美，兩者的味道互相融合卻互不干擾，這是一道夏日時令的清火家常菜。

材料

苦瓜 300 克｜豬絞肉 300 克｜蔥花 1 大匙｜薑末 1 小匙｜雞蛋（小）1 個｜鹽 1 小匙｜料理酒 1 小匙｜香油 1 小匙｜白胡椒粉少許｜蠔油 1 小匙｜麵粉水適量

烹飪祕笈

可以在肉餡中加入香菇末、蝦仁、干貝，風味會更加豐富。

∬ 君子之交
苦瓜鑲肉

🕐 20 分鐘　　🎩 中等

作法

❶ 將苦瓜切成 3 公分左右的段狀，掏空內囊。

❷ 豬絞肉放入大碗中，加入剩餘所有材料（麵粉水、苦瓜除外），以及 2 大匙清水混合均勻，順著同一方向攪打至呈現黏稠狀。

❸ 將作法 2 做好的肉餡鑲入苦瓜中，放在盤中。

❹ 將蒸鍋中的水煮沸，待蒸鍋出現蒸氣，將苦瓜鑲肉放入，以大火蒸約 10 分鐘。

❺ 將苦瓜鑲肉裝盤。

❻ 將蒸苦瓜盤底剩餘的湯汁放入小鍋中，加入 2 小匙蠔油、適量麵粉水調成芡汁，淋在苦瓜上即可。

傳統鄉宴蒸菜
扣蒸酥肉

🕐 60 分鐘　👨‍🍳 中等

特色

這是一道亦湯亦菜的鄉村風味蒸菜，酥炸的五花肉底下是樸素的山野之味。

材料

豬五花肉 150 克｜地瓜粉 50 克｜雞蛋 1 個｜鹽 1/2 小匙｜花椒粉 1 克｜金針花 10 克｜醃製海帶條 30 克｜高湯適量｜白胡椒粉少許｜植物油適量

烹飪祕笈

如果沒有醃製的海帶條，可以換成現成的海帶絲。

作法

❶ 將豬五花肉洗淨，切成厚片（不去皮）。

❷ 地瓜粉加入清水、雞蛋，調成麵粉水。

❸ 將五花肉放入碗中，加入鹽、花椒粉拌勻，加入麵粉水攪拌均勻，浸泡 30 分鐘以上。

❹ 油鍋燒至六分熱，肉一片片放入，炸至金黃色撈出。

❺ 金針花用溫水泡發，清洗乾淨，瀝乾水分。醃製海帶條放入碗中備用。

❻ 取一個深碗，在底部放入炸好的酥肉，再放上金針花和海帶條，淋入高湯，撒上白胡椒粉。

❼ 將蒸鍋中的水煮沸，待蒸鍋出現蒸氣，將作法 6 的酥肉放入蒸鍋蒸 20 分鐘，取出。

❽ 取一個深盤，扣在深碗上，快速倒扣過來（小心湯汁燙手），即可食用。

網紅食材的新吃法
鹹蛋黃蒸肉捲

🕐 50 分鐘　🍳 中等

特色

鹹蛋黃可以說是食材界歷久不衰的
網紅，即使是被其他食材包裹著，
其美妙的味道只要在口中瀰漫開
來，仍是藏不住光芒的主角。

材料

雞蛋 2 個｜鹹蛋（熟）3 個｜豬
絞肉 300 克｜薑末 1 小匙｜蔥
花 1 大匙｜鹽 1 小匙｜麵粉水
50cc｜香油 10cc｜蠔油 10cc｜
白胡椒粉少許｜植物油少許

烹飪祕笈

若覺得味道太淡，可以蘸蒜蓉辣
椒醬食用。

作法

❶ 從鹹蛋中取出蛋黃，捏碎。

❷ 雞蛋打散；鍋中刷少許植物
油，小火將雞蛋攤成蛋皮。

❸ 在大碗中放入豬絞肉、鹽、
蠔油、麵粉水、白胡椒粉、香
油，順著同一方向攪打至黏稠。

❹ 加入薑末和蔥花拌勻，冷藏
20 分鐘。

❺ 將蛋皮放在砧板上，鋪上作
法 4 調好的肉餡，再撒上捏碎的
鹹蛋黃，捲起。

❻ 將蒸鍋中的水煮沸，待蒸鍋
出現蒸氣，將鹹蛋黃肉捲放入蒸
鍋中蒸 15 分鐘。

❼ 取出切塊即可。

連容器都美味
番茄蒸肉盅

🕐 60 分鐘　👨‍🍳 中等

特色

在番茄中鑲入肉餡烘烤，是地中海料理中極具代表性的料理之一。我將這道料理改為偏中式口味的作法，在清爽的雞肉中增添了蘑菇，多汁又鮮美。

材料

番茄 2 個｜雞絞肉 200 克｜蘑菇 4 朵｜黑胡椒碎少許｜香油 1 小匙｜植物油 2 小匙｜薑泥 1 小匙｜鹽 1 小匙｜蛋白 1 個

烹飪祕笈

還可以用烤代替蒸，風味更濃郁。

作法

❶ 將蘑菇洗淨，切成碎末。

❷ 將雞絞肉、蘑菇碎放入碗中，加入薑泥、香油、植物油、黑胡椒碎、鹽、蛋白、1 大匙清水混合均勻，順著同一方向攪打至黏稠。

❸ 從番茄的 1/5 處切出一個小蓋子，挖掉內囊。

❹ 將作法 2 拌好的肉餡鑲入番茄中，蓋上蓋子，裝入盤中。

❺ 將蒸鍋中的水煮沸，待蒸鍋出現蒸氣，將番茄鑲肉放入蒸鍋中蒸 15 分鐘左右。

❻ 取出裝盤即可。

平淡卻不平庸
榨菜肉末蒸豆腐

🕐 15 分鐘　👨‍🍳 中等

特色

看似平淡無奇的外表下，卻是榨菜的鹹香、豬肉的濃香、豆腐的清新所交織而成的驚豔感。

材料

嫩豆腐 1 塊（約 300 克）｜豬絞肉 30 克｜榨菜 20 克｜蔥花 1 小匙｜植物油 1 小匙｜香油 1/2 小匙｜生抽 1/2 小匙

烹飪祕笈

如果不使用榨菜，使用梅乾菜、冬菜也同樣美味。

作法

❶ 榨菜切碎備用。

❷ 平底鍋燒熱，加入少許植物油，放入豬絞肉炒散。

❸ 加入榨菜翻炒，淋入生抽、香油調味。

❹ 將嫩豆腐切成厚片，排入盤中。

❺ 將蒸鍋中的水煮沸，待蒸鍋出現蒸氣，將豆腐放入蒸鍋中蒸 10 分鐘，取出。

❻ 鋪上炒好的榨菜肉末，撒上蔥花即可。

每一口都滿足
粉蒸排骨

🕐 90 分鐘　　👨‍🍳 中等

粉蒸在蒸菜中絕對是自成風格的料理菜，其樸實無華的外表，卻是味道豐富、口感油潤，小小的排骨吃起來很過癮。

材料

排骨中段 400 克｜蒸肉粉 150 克｜薑泥 1 小匙｜生抽 1/2 大匙｜豆腐乳 2 小塊｜料理酒 1 小匙｜鹽 1/2 小匙｜植物油 1 大匙｜五香粉 1/2 小匙｜香菜適量

烹飪祕笈

1 可以用辣椒醬代替豆腐乳，做成麻辣口味的粉蒸排骨。

2 可以在盤底擺放馬鈴薯、地瓜、豇豆等蔬菜。

作法

❶ 將排骨放入清水中反覆沖洗，直到完全沒有血水，取出瀝乾水分。

❷ 將排骨放入大碗中，加入薑泥、生抽、豆腐乳、料理酒、鹽、五香粉、植物油攪拌均勻，放置 1 小時以上使之入味。

❸ 將蒸肉粉拌入排骨中，混拌均勻，裝盤（排骨下方可放蔬果點綴）。

❹ 將蒸鍋中的水煮沸，出現蒸氣後，放入排骨以中火蒸約 1 小時，取出。

❺ 放上香菜或將香菜切碎撒上即可。

特色

多種葷素食材一同蒸製，眾多滋味合為一體，原汁原味，渾然天成。

材料

魚丸 6 個｜午餐肉 100 克｜鮮蝦 100 克｜白菜 100 克｜薑絲少許｜高湯 100cc｜白胡椒粉少許｜鹽 1/2 小匙

烹飪祕笈

可以增加香菇片、葉菜類、冬筍片等蔬菜，葷素搭配，營養更均衡。

原汁原味
蒸三鮮

🕐 15 分鐘　　👨‍🍳 中等

作法

❶ 將白菜洗淨，切成塊狀，放入深碗中。

❷ 鮮蝦剪去蝦鬚，挑除腸泥。

❸ 午餐肉切成厚片。

❹ 將魚丸、鮮蝦、午餐肉擺放在白菜上。

❺ 將高湯、薑絲、白胡椒粉、鹽混合均勻，淋在作法 4 中。

❻ 將蒸鍋的水煮沸，待出現蒸氣，放入三鮮菜以大火蒸 8 分鐘即可。

〃 蓮葉清香上心頭
荷葉臘味蒸飯

🕐 60 分鐘　🍳 中等

特色

在清香的荷葉包裹下，米粒浸潤著臘味的香氣與油脂，珍藏著香菇的鮮美，每一口都是驚喜。

材料

白米 100 克｜臘腸 50 克｜臘肉 50 克｜香菇 4 朵｜乾荷葉 2 張｜薑絲少許｜蒸魚豉油 1 大匙

烹飪祕笈

可以在食用前撒上少許蔥花，味道更好。

作法

❶ 將白米洗淨，提前用清水浸泡 1 小時，瀝乾水分。

❷ 將臘肉和臘腸切成片。

❸ 將香菇洗淨，切成厚片。

❹ 將乾荷葉用開水燙軟備用。

❺ 將荷葉鋪在碗中，放入白米、香菇、臘腸、臘肉、薑絲，倒入淹過食材的清水。

❻ 用牙籤將荷葉封口。

❼ 將蒸鍋中的水煮沸，待蒸鍋出現蒸氣，將荷葉飯放入蒸鍋中蒸 30 分鐘左右。

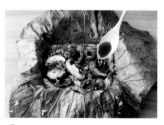

❽ 取出裝盤，食用前去除牙籤，再淋上蒸魚豉油即可。

雜糧入菜來
小米蒸牛肉

🕐 60 分鐘　🍴 中等

特色

利用小米粒小又黏軟的特質，代替製作米粉的繁瑣過程，雜糧入菜簡單又美味。

材料

小米 200 克｜牛肉（菲力）300 克｜蒜蓉辣椒醬 1 小匙｜植物油 1 大匙｜麵粉 3 克｜細砂糖 1 小匙｜生抽 1 小匙｜五香粉 1/2 小匙｜料理酒 1 大匙｜白胡椒粉少許｜香菜適量｜鹽少許

烹飪祕笈

可以用羊肉、排骨、豬五花肉代替牛肉。

作法

❶ 將小米浸泡 2 小時，洗淨，瀝乾水分。

❷ 將牛肉洗淨，切片。

❸ 牛肉片放入大碗中，加入料理酒、鹽、白胡椒粉、五香粉、生抽、麵粉、細砂糖、少量清水，攪打均勻至充分吸收水分。

❹ 加入蒜蓉辣椒醬和植物油，充分攪拌，靜置 10 分鐘使之入味。

❺ 拌入瀝乾水分的小米。

❻ 將蒸鍋中的水煮沸，待蒸鍋出現蒸氣，將小米牛肉放入蒸鍋中，大火蒸約 30 分鐘。

❼ 取出裝盤，撒上香菜即可。

茶餐廳的經典早茶
豉汁鳳爪

🕐 70分鐘　🍮 中等

特色

這是我每次去茶餐廳必點的蒸料理，鮮嫩軟爛，一吮即離骨，醬汁濃郁，齒頰留香。學會這個作法，在家裡也能輕鬆烹製。

材料

鳳爪 10 隻｜豆豉 30 克｜植物油適量｜薑片 2 片｜蔥結 1 個｜月桂葉 1 片｜八角 1 個｜蒜末 1 小匙｜洋蔥末 2 小匙｜蠔油 1 小匙｜醬油 1 小匙｜細砂糖 1/2 小匙｜料理酒 1 小匙

烹飪祕笈

1 喜歡吃辣的人，可以放入適量辣椒醬提升風味。
2 鳳爪一定要炸透，不然蒸出來會又乾又硬。

作法

❶ 將鳳爪剪去趾甲，從中間剁成兩半，清洗乾淨。

❷ 燒開一鍋水，放入鳳爪煮熟。

❸ 將鳳爪撈出，瀝乾水分（表面不可有水分）。

❹ 熱油鍋，加熱至八分熱。放入鳳爪油炸至淺褐色，取出。

❺ 將鳳爪放入深碗中，加入水、薑片、蔥結、月桂葉、八角。

❻ 蒸鍋的水煮沸，待蒸鍋出現蒸氣，放入鳳爪以大火蒸約 40 分鐘，至鳳爪能輕易脫骨。

❼ 在小鍋中加入植物油，放入蒜末焗炒至金黃色。

❽ 放入洋蔥末、豆豉焗香，加入蠔油、料理酒、細砂糖、醬油炒勻，關火。

❾ 將炒好的醬料倒在鳳爪上。

❿ 再蒸 5 分鐘即可。

越簡單越嫩滑
蔥薑蒸嫩雞

🕐 30 分鐘　🍳 中等

特色

鮮嫩的雞肉經過醃製入味，用健康的烹調方式蒸熟，再淋上美味的醬汁，美味無窮。

材料

嫩雞 1/2 隻（約 400 克）｜薑片3 片｜蔥結 1 個｜鹽 1 小匙｜料理酒 1 大匙｜白胡椒粉少許｜蔥花適量｜薑絲適量｜生抽 1 小匙｜植物油適量

烹飪祕笈

可以放入適量新鮮的沙薑，即成沙薑蒸嫩雞。

作法

❶ 將嫩雞洗淨，擦乾水分。

❷ 用鹽、料理酒、白胡椒粉揉搓雞身，放上薑片、蔥結，冷藏1 小時。

❸ 擦乾雞滲出的水分，放入深盤中（保留薑片和蔥結）。

❹ 將蒸鍋中的水煮沸，待蒸鍋出現蒸氣，放入嫩雞以大火蒸約20 分鐘，取出。

❺ 略微放涼後，將雞斬成塊，裝盤。

❻ 將蔥花和薑絲放入小碗中。

❼ 在小鍋中將植物油燒熱，淋入蔥花和薑絲中，加入少許鹽和生抽調成蔥薑油。

❽ 將蔥薑油淋在雞塊上即可。

淡淡米酒香
酒釀蒸雞翅

🕐 40 分鐘　　🍳 中等

特色

用酒釀蒸出的雞翅不僅柔嫩多汁，還多了一分迷人的酒香。搭配酸辣的剁椒，便成了令人停不下來的吮指雞翅。

材料

雞翅 8 隻｜酒釀 2 大匙｜剁椒 1/2 大匙｜蒜末 1/2 小匙｜薑末 1/2 小匙｜鹽 1 小匙｜白胡椒粉 少許

烹飪祕笈

可以用全雞、雞腿、雞胸肉代替雞翅。

作法

❶ 將雞翅洗淨，擦乾水分，在表面劃上幾刀以便入味。

❷ 在小碗中放入酒釀、剁椒、蒜末、薑末、鹽、白胡椒粉，混拌均勻成醬汁。

❸ 將雞翅鋪在盤底，淋上醬汁，靜置醃製 10 分鐘使之入味。

❹ 將蒸鍋中的水煮沸，出現蒸氣後，放入雞翅以大火蒸約 20 分鐘。

❺ 取出，趁熱食用。

特色

鱈魚肉質細嫩，只需要簡單的豆豉與薑絲，便能將口感與風味盡釋。

材料

鱈魚 2 塊（約 200 克）│薑絲適量│豆豉 1/2 大匙│鹽 1/2 小匙│黑胡椒碎少許│蒜末 1 小匙│紅辣椒圈 2 克│蒸魚豉油 2 小匙

烹飪祕笈

請提前將鱈魚充分解凍，並擦乾水分。

淡雅的原味蒸魚

薑絲豆豉蒸鱈魚

🕐 30 分鐘　　🎩 中等

作法

❶ 鱈魚用鹽和黑胡椒碎醃 15 分鐘，擦乾水分。

❷ 將豆豉、紅辣椒圈、蒜末、蒸魚豉油混合成豆豉醬。

❸ 將鱈魚放入深盤中，鋪上薑絲，淋上豆豉醬。

❹ 將蒸鍋的水煮沸，待出現蒸氣後，放入鱈魚以大火蒸約 7 分鐘。

❺ 取出即可。

極簡的地中海料理
羅勒青醬蒸鮭魚

🕐 20 分鐘　👨‍🍳 中等

特色

清蒸好的鮭魚油脂豐潤，淋上香氣濃郁的羅勒青醬，便是一道極簡的健康料理。

材料

鮭魚 2 塊（約 250 克）| 羅勒 200 克 | 巴西利 50 克 | 松子仁 10 克 | 蒜蓉 1 克 | 起司粉 5 克 | 海鹽少許 | 黑胡椒碎少許

烹飪祕笈

可以搭配蔬菜同蒸，例如豇豆、秋葵、蘆筍等均可。

作法

❶ 將羅勒和巴西利分別擇葉，洗淨，瀝乾。

❷ 松子仁放入烤箱，以 160℃ 烤 3 分鐘。

❸ 將羅勒葉、巴西利、松子仁、蒜蓉、起司粉、適量橄欖油一起放入料理機中攪打順滑，製成青醬。

❹ 將鮭魚用少許海鹽和黑胡椒碎醃 10 分鐘，擦乾表面水分。

❺ 將蒸鍋的水煮沸，出現蒸氣後，將鮭魚裝入盤中，放入蒸鍋中以大火蒸 6 分鐘。

❻ 淋上製作好的青醬即可。

〃 黑白配
香菇蒸魚漿

🕐 15 分鐘　　👨‍🍳 中等

特色

自己打的魚漿細膩而富有「空氣感」，鑲在黑色的香菇底座上，就成了一道美好的宴客蒸菜。

材料

比目魚肉 200 克｜豬肥膘 50 克｜蛋白 1 個｜鹽 1/2 小匙｜白胡椒粉少許｜麵粉少許｜蔥花 1 大匙｜鮮香菇 8 朵｜生抽適量

烹飪祕笈

可以用蝦仁代替魚肉，製成蝦漿。

作法

❶ 將比目魚和豬肥膘切成塊。

❷ 將比目魚、豬肥膘放入攪拌機中攪成泥。

❸ 將魚泥放入大碗中，加入鹽、白胡椒粉順著同一方向攪打至黏稠。

❹ 加入蛋白和麵粉攪打至順滑，再加入蔥花拌勻製成魚漿。

❺ 鮮香菇洗淨，剪去蒂梗。

❻ 將做好的魚漿鑲入香菇中。

❼ 將蒸鍋中的水煮沸，待蒸鍋出現蒸氣，放入香菇魚漿以大火蒸 8 分鐘，取出裝盤。

❽ 蘸生抽食用即可。

檸香入菜來
檸檬蒸鱸魚

🕐 30 分鐘　👨‍🍳 中等

特色

東南亞地區的人民在料理魚類時，總不忘放上幾片檸檬，清新的檸檬不僅能去除魚腥味，還能嫩肉增香。

材料

海鱸魚 1 條（約 400 克）｜檸檬 1 個｜香茅 1 根｜薑片 3 片｜香菜 1 根｜鹽 1/2 小匙｜黑胡椒碎少許

烹飪祕笈

務必選用沒有苦味的檸檬，否則魚肉易發苦。

作法

❶ 將海鱸魚處理乾淨，擦乾水分。

❷ 用鹽、黑胡椒碎抹在鱸魚身上（包括魚肚內），靜置醃製 15 分鐘，擦乾水分。

❸ 將香茅拍碎，切成段。

❹ 將檸檬切片。

❺ 將鱸魚擺在盤中，把薑片、香茅段塞在魚肚裡。

❻ 在魚身上擺放檸檬片。

❼ 將蒸鍋中的水煮沸，待蒸鍋出現蒸氣，放入檸檬魚以大火蒸 8 分鐘。

❽ 取出，擺上香菜，搭配檸檬食用。

越簡單越美味
蔥油蒸鯧魚

🕐 30 分鐘　　👨‍🍳 簡單

特色

鯧魚味美而刺少、肉質細嫩且作法多樣,滿足我們對海魚的所有期待。使用經典的清蒸作法,用熱油將蔥薑的香氣激發出來,簡單就很美味。

材料

鯧魚2條(約400克)｜薑片4片｜蔥結(小)2個｜蔥絲2大匙｜薑絲少許｜料理酒1大匙｜鹽1/2小匙｜白胡椒粉少許｜蒸魚豉油1大匙｜植物油1大匙

烹飪祕笈

這種作法也適用於烹調黃魚、帶魚等海魚。

作法

❶ 將鯧魚處理乾淨,擦乾水分,在魚身上劃上幾刀。

❷ 用鹽、白胡椒粉、料理酒、蔥結、薑片醃製15分鐘,使之入味。

❸ 將鯧魚充分擦乾(包括魚肚內),裝入盤中。

❹ 將蒸鍋中的水煮沸,待蒸鍋出現蒸氣,把魚放入以大火蒸約6分鐘,取出。

❺ 將盤內的湯汁倒掉,淋入蒸魚豉油,放上蔥絲和薑絲。

❻ 將植物油放入小鍋中加熱,再淋在蔥薑絲上即可。

精緻宴客蒸菜
三絲魚捲

🕐 30 分鐘　🍳 中等

特色

一改蒸魚的原始作法，鮮嫩的魚片包裹色彩鮮明的蔬菜絲，鮮味互相融合，無須過多的調味，即可品嘗到食材的原始美味。

材料

魚肉 200 克｜金針菇 50 克｜紅蘿蔔絲 50 克｜木耳絲 50 克｜橄欖菜適量｜鹽 1/2 小匙｜白胡椒粉少許｜蛋白 1/2 個｜料理酒 1 小匙｜麵粉水 1 大匙

烹飪祕笈

魚肉建議選擇草魚、鱸魚、比目魚等白色細緻的魚肉。

作法

❶ 將魚肉洗淨，切成大片。

❷ 將魚肉片放入大碗中，加入鹽、白胡椒粉、蛋白、麵粉水、料理酒攪拌均勻，靜置 5 分鐘使之入味。

❸ 將金針菇、木耳絲、紅蘿蔔絲切成等長的絲。

❹ 將魚肉鋪在盤子上，放上金針菇、木耳絲、紅蘿蔔絲捲成魚捲。

❺ 將蒸鍋中的水煮沸，待蒸鍋出現蒸氣，放入魚捲以大火蒸 5 分鐘，取出。

❻ 放入橄欖菜即可。

無刺無煩惱
剁椒蒸蝦餅

🕐 20 分鐘　👨‍🍳 中等

特色

在湘菜館裡每次必點剁椒魚頭，鹹辣之味越吃越停不下來。可是魚刺非常惱人，索性用無刺的蝦餅代替，就沒有吐魚刺的困擾，吃起來更過癮。

材料

蝦仁 200 克 ｜ 蛋白 1/2 個 ｜ 料理酒 2 小匙 ｜ 麵粉適量 ｜ 鹽少許 ｜ 青江菜 6 棵（約 100 克）｜ 剁椒 1 大匙 ｜ 蠔油 1 小匙 ｜ 生抽 1 小匙 ｜ 細砂糖 1/2 小匙 ｜ 白醋 1/2 大匙 ｜ 薑末 1/2 小匙 ｜ 蒜末 2 小匙 ｜ 蔥花 1 小匙

烹飪祕笈

1 可以在蝦仁中加入適量比目魚肉、青魚肉等，增加風味。
2 還可加入荸薺、蓮藕等清脆口感的食材。

作法

❶ 蝦仁洗淨，挑除腸泥。

❷ 用刀背將蝦仁剁成泥。

❸ 將蝦泥放入大碗中，加入蛋白、料理酒、鹽，用力攪拌，使之黏稠。

❹ 加入麵粉繼續攪拌。

❺ 將蝦泥充分摔打，排出空氣，塑型成餅狀，放入盤中。

❻ 將剁椒、蠔油、生抽、細砂糖、白醋、蒜末、薑末調成剁椒醬，塗在蝦餅上。

❼ 將蒸鍋中的水煮沸，待蒸鍋出現蒸氣，放入蝦餅以大火蒸 5 分鐘。

❽ 放入青江菜繼續蒸 2 分鐘，取出。

❾ 撒上蔥花即可。

鮮嫩柔滑
蝦仁蒸蛋

🕐 15 分鐘　🍳 簡單

特色

過篩後的蛋液做出來的蒸蛋，鮮嫩平滑無氣泡，放上蝦仁、淋上豉油，鮮美可口。

材料

雞蛋 4 個｜蝦仁 7 隻｜蔥花 1/2 大匙｜蒸魚豉油 2 小匙｜鹽 1/2 小匙｜料理酒 1 小匙｜白胡椒粉少許

烹飪祕笈

可放入銀杏、香菇等食材同蒸。

作法

❶ 蝦仁用少許鹽、料理酒、白胡椒粉拌均勻，冷藏 30 分鐘。

❷ 將雞蛋打散，加入 100cc 清水，過篩，放入深碗中。

❸ 將蒸鍋中的水煮沸，待蒸鍋出現蒸氣，放入雞蛋蒸 8 分鐘。

❹ 待表面凝固，擺上蝦仁，再蒸 3 分鐘，取出。

❺ 在蝦仁蒸蛋上淋入蒸魚豉油，撒上蔥花即可。

深夜食堂
酒蒸蛤蜊

🕐 15 分鐘　　🍳 簡單

特色

這是日劇《深夜食堂》裡最經典的料理，用酒烹煮蛤蜊，顯鮮又除腥，醬汁非常鮮美，用來拌飯再美味不過。

材料

蛤蜊 600 克 | 清酒 100cc | 蒜頭 2 瓣 | 植物油 1 大匙 | 乾辣椒 1 條 | 奶油 20 克 | 醬油 2 小匙 | 蔥花 1 大匙

烹飪祕笈

這種作法也適用於蟶子、花甲等貝類。

作法

❶ 蛤蜊放入鹽水中吐沙半天，清洗乾淨，瀝乾水分。蒜頭切片。乾辣椒切碎。

❷ 熱鍋後加入植物油，再放入蒜片和乾辣椒爆香。

❸ 放入蛤蜊，倒入清酒，蓋上鍋蓋，大火煮 5 分鐘左右。

❹ 待蛤蜊都開口之後，加入醬油、奶油，煮開。

❺ 關火，撒上蔥花即可。

比肉更美味
金銀蒜蒸娃娃菜

🕐 15 分鐘　👨‍🍳 中等

特色

濃香四溢的豆豉蒜蓉醬常被用於海鮮的燒烤，沒想到淋在娃娃菜上，蒸出來也是這般爽口多汁。

材料

娃娃菜2棵（約300克）｜冬粉30克｜蒜頭50克｜豆豉10克｜蒸魚豉油1大匙｜植物油1大匙

烹飪祕笈

1 可以根據個人口味加入辣椒和蔥花。

2 用蝦仁替換娃娃菜，即成金銀蒜蒸蝦仁。

作法

❶ 將蒜頭切成碎粒（不可做成蒜泥）。

❷ 鍋中加入植物油燒熱，放入一半的蒜粒，小火炸成金黃色。

❸ 加入豆豉、蒸魚豉油和1大匙清水，煮開後關火。

❹ 將蒜醬汁裝入碗中放至溫熱，再加入另一半蒜粒，攪拌均勻成金銀蒜醬汁。

❺ 將冬粉泡軟，放入盤中。

❻ 將娃娃菜切開成適口大小，鋪在冬粉上，淋上1大匙金銀蒜醬汁。

❼ 將蒸鍋中的水煮沸，待蒸鍋出現蒸氣，放入娃娃菜以大火蒸8分鐘。

❽ 取出，根據口味再淋上適量金銀蒜醬汁即可。

極鮮極美
雞汁蒸秀珍菇

🕐 15 分鐘　👐 簡單

特色

秀珍菇是極為鮮美的菌菇，在鹹香雞汁的包覆下，絕妙的滋味在舌尖蕩漾開來。

材料

秀珍菇 200 克｜濃雞湯 200cc｜薑絲少許｜鹽 1/2 小匙｜麵粉水適量

烹飪祕笈

用香菇、茶樹菇代替秀珍菇亦可。

作法

❶ 將秀珍菇洗淨，撕成大塊，瀝乾水分。

❷ 將秀珍菇放入碗中，加入濃雞湯、薑絲和鹽。

❸ 將蒸鍋中的水煮沸，待蒸鍋出現蒸氣，放入秀珍菇蒸 10 分鐘。

❹ 將秀珍菇取出裝盤。

❺ 將碗底的雞汁放入小鍋中煮滾，加入麵粉水勾芡。

❻ 將熬好的雞汁淋在秀珍菇上即可。

極簡蒸時蔬
蘑菇蒸菜薹

🕐 15 分鐘　　🍳 簡單

特色

簡單健康的蒸蔬菜，是令人懷念的家常味道。在這道菜裡，多了一分蘑菇的鮮甜，並增添了一味炸蒜片的蒜香，更令人難忘。

材料

菜薹 200 克│蘑菇 6 朵│蒸魚豉油 2 小匙│蒜片少許│植物油 1/2 大匙

烹飪祕笈

可以用芥藍等蔬菜代替菜薹。

作法

❶ 將菜薹處理乾淨，切成長段，鋪在盤上。

❷ 蘑菇洗淨，切成厚片，鋪在菜薹上。

❸ 將蒸鍋中的水煮沸，待蒸鍋出現蒸氣，放入蘑菇菜薹以大火蒸 5 分鐘，取出。

❹ 將小鍋燒熱，倒入植物油，放入蒜片炸至金黃色。

❺ 加入蒸魚豉油、少許蒸菜薹盤中的湯汁，煮開成醬汁。

❻ 將煮好的醬汁淋在蘑菇蒸菜薹上即可。

↗↗ 紅玉軟香
棗泥糯米藕

🕐 120 分鐘　🍳 簡單

特色

在傳統的紅糖糯米藕中，增加了一分紅棗的甜潤，棗香、藕香、砂糖香，色澤紅亮、芳香甜嫩。

材料

蓮藕（大）1 節｜糯米 50 克｜
棗泥 40 克｜二砂糖 50 克

烹飪祕笈

可以用壓力鍋代替蒸鍋，用壓力鍋以中火煮 30 分鐘左右即可。

作法

❶ 將糯米浸泡 2 小時以上，瀝乾水分。

❷ 蓮藕削皮、洗淨，在一端切開。

❸ 將糯米和 30 克棗泥混合，塞入藕孔中，用筷子壓一下，使之沒有空隙（不能太緊，容易蒸裂）。

❹ 將蓮藕放入鍋中，加入二砂糖和淹過蓮藕的清水，浸泡 1 小時入味，再撈出盛入碗中。

❺ 將蒸鍋中的水煮沸，待蒸鍋出現蒸氣，放入蓮藕以大火蒸 2 小時左右。關火，靜置放涼。

❻ 將蒸好的蓮藕切片。

❼ 將浸泡過蓮藕的糖水放入小鍋中，加入 10 克棗泥，熬煮至濃稠。

❽ 將熬好的棗泥糖水淋在蓮藕上即可。

佳子月中落，天香雲外飄

桂花蒸山藥

🕐 15 分鐘　👨‍🍳 簡單

特色

晶瑩剔透的白色山藥條，燦若星辰的點點桂花，每一口都能甜到心坎裡。

材料

山藥 1 根（約 300 克）｜糖桂花 1 大匙｜白醋 1 大匙

烹飪祕笈

可以在頂部放上少許枸杞子作為點綴，視覺效果更好。

作法

❶ 將山藥削皮、洗淨，切成長條。

❷ 將山藥放入大碗中，加入白醋和適量清水，浸泡片刻。

❸ 將蒸鍋中的水煮沸，出現蒸氣後，將山藥瀝乾水分放入盤中，入鍋蒸 10 分鐘，取出。

❹ 山藥裝盤，淋上糖桂花即可。冷食熱食均可。

特色

常見的甜品搭配變身為蒸菜，滋味更為濃郁。在紅棗與銀耳陪襯下的地瓜，甜香軟綿，紅棗也變得更為甜潤。

材料

地瓜 400 克｜紅棗 50 克｜冰糖 50 克｜銀耳（乾）1/2 朵

烹飪祕笈

可以將地瓜換成南瓜。

甜香軟綿
蜜汁紅棗銀耳蒸地瓜

🕐 30 分鐘　🍮 簡單

作法

❶ 銀耳提前用清水泡發，再撕成方便食用的塊狀，洗淨備用。

❷ 地瓜削皮、洗淨，切成大塊。

❸ 紅棗洗淨，和冰糖、銀耳、100cc 清水一起放入小鍋中，小火煮至冰糖溶化。

❹ 將地瓜裝入碗中，加入熬煮好的紅棗冰糖汁。

❺ 將蒸鍋中的水煮沸，待蒸鍋出現蒸氣，放入作法 4 以大火蒸 15 分鐘，取出即可。

甜香軟綿
焦糖蒸香芋

🕐 15 分鐘　👐 中等

作法

❶ 在小鍋中放入細砂糖和 10cc 冷水，小火煮開（不要攪拌）。

❷ 待顏色呈焦糖色，加入鮮奶油攪拌，離火，使之冷卻，即成焦糖奶油醬。

❸ 將香芋削皮，洗淨，切成 1 公分的厚片，鋪在盤裡。

❹ 將蒸鍋中的水煮沸，待蒸鍋出現蒸氣，放入香芋以大火蒸 15 分鐘，取出。

❺ 淋上焦糖奶油醬即可。

Chapter 2

煮

亦湯亦菜的快手煮物
香腸煮高麗菜

🕐 15 分鐘　👨‍🍳 簡單

特色

不需要長時間燉煮，就能吃到大量的蔬菜。將香腸、菌菇類、蔬菜加以組合，美味又營養。

材料

高麗菜葉 4 片｜西式香腸 4 條｜
蘑菇 4 個｜高湯 1 碗｜鹽少許｜
黑胡椒碎少許

烹飪祕笈

1 建議選用可即食的熟製香腸，如果選用生香腸，請適當延長烹煮時間。
2 選用日式高湯、清雞湯等清淡的高湯，味道較好。

作法

❶ 將高麗菜葉洗淨，隨意撕成適口的大小。

❷ 蘑菇洗淨，一切為二。

❸ 用小刀在香腸上劃上幾刀，以便出味。

❹ 將高湯放入小鍋中煮開。

❺ 將煮開的高湯放入大鍋中，加入高麗菜、蘑菇、香腸煮 5 分鐘，用鹽和黑胡椒碎調味。

❻ 裝盤，趁熱食用。

番茄煮高麗菜肉捲

🕐 30 分鐘　🍲 中等

特色

外觀與味道兼備的高麗菜肉捲，往往是便當盒裡最吸睛的主角，使用番茄煨煮，清爽入味。

材料

高麗菜葉 4 片｜豬絞肉 100 克｜小番茄 200 克｜蔥花 1/2 大匙｜香油 1 小匙｜蛋白 1 個｜薑泥 1 小匙｜清雞湯 300cc｜鹽少許｜白胡椒粉少許

烹飪祕笈

1 如果覺得小番茄味淡，可以加入適量番茄醬或者整粒番茄罐頭。

2 高麗菜肉捲一定要包裹緊實，用牙籤扎緊，或者用小蔥綁緊，以防止煮製時散開來。

作法

❶ 將高麗菜葉用保鮮膜完全包裹起來，放入微波爐中微波，至柔軟取出。

❷ 大碗中放入豬絞肉，加入蔥花、薑泥、香油、白胡椒粉、鹽、蛋白、1 大匙清水拌勻，順著同一方向攪打至黏稠。

❸ 將高麗菜葉平鋪在砧板上，在 1/3 處放上適量肉餡，捲起，包裹緊實，用牙籤插住底部，使之固定。

❹ 小番茄洗淨，一切為二。

❺ 在小鍋中放入清雞湯煮沸，再放入小番茄和高麗菜肉捲。

❻ 待小番茄煮至軟爛，肉捲煮熟，加入適量鹽和白胡椒粉調味。

❼ 去除掉牙籤，裝盤即可。

鹹香襯托，甜味盡顯
培根煮南瓜

🕐 15 分鐘　👨‍🍳 簡單

特色

南瓜在鹹香培根的襯托下，甜味盡顯，是很多廚藝高手喜歡的完美搭配，無須過多烹調就能達到極佳的風味。

材料

南瓜 400 克｜培根 3 片｜高湯塊 1 個｜植物油 1/2 大匙｜鹽少許｜黑胡椒碎少許

烹飪祕笈

可以將南瓜換成山藥、紫地瓜、地瓜、馬鈴薯等根莖類食材。

作法

① 將南瓜去皮、去籽，切成大塊。

② 將培根切成小片。

③ 取炒鍋，放入植物油，煎香培根。

④ 放入南瓜翻炒至表面微微焦黃。

⑤ 加入開水和高湯塊煮開，小火燉煮至南瓜軟綿。

⑥ 用鹽和黑胡椒碎調味即可。

筑前煮

💧蔬菜多多的日式料理

🕐 60 分鐘　👨‍🍳 簡單

特色

筑前煮是日本福岡地區的鄉土料理，葷素搭配，用料豐富。尤其適合在節日慶典時煮上一鍋。

材料

雞腿肉 200 克｜紅蘿蔔 1/2 根｜蒟蒻 100 克｜蓮藕 100 克｜鮮香菇 4 朵｜荷蘭豆 8 個｜細砂糖 2 小匙｜醬油 2 大匙｜清酒 1 大匙｜黑胡椒碎少許｜橄欖油 1 大匙

烹飪祕笈

可以根據個人喜好，加入牛蒡、竹筍等食材。

作法

❶ 雞腿肉洗淨，切成大塊，放入碗中，加入 1 小匙細砂糖、1 小匙醬油、1 小匙清酒、少許黑胡椒碎拌勻，醃製 5 分鐘。

❷ 將紅蘿蔔和蓮藕分別洗淨，削皮，切成小滾刀塊。鮮香菇和蒟蒻洗淨，切成小塊。

❸ 將荷蘭豆洗淨，放入沸水中汆燙備用。

❹ 將平底鍋倒入橄欖油燒熱，放入雞肉翻炒至表面變色。

❺ 加入紅蘿蔔、蓮藕、香菇、蒟蒻翻炒均勻，加入剩餘的清酒、醬油、細砂糖及一碗開水，大火煮開後，轉中火燉煮至蔬菜熟透，收汁濃稠。

❻ 裝盤，放上荷蘭豆裝飾即可。

⬥ 低脂健身料理
青花菜煮雞胸肉

🕐 15 分鐘　　🍴 簡單

特色

青花菜與雞胸肉熱量低，可以說是健身料理中最核心的食材。加入香菇增添香味，簡單同煮，大快朵頤時也不必擔心熱量。

材料

青花菜 1 棵（約 300 克）│雞胸肉 1 塊│鮮香菇 3 朵│高湯 1 碗│鹽少許│黑胡椒碎少許

烹飪祕笈

1 用花椰菜或者其他綠葉蔬菜代替青花菜也很美味。
2 沒有高湯可以用高湯塊代替，但需要注意控制鹽分。

作法

❶ 青花菜掰成小朵，洗淨瀝乾水分。鮮香菇洗淨，切成厚片。

❷ 小鍋中放入高湯煮開，放入雞胸肉，用鹽和黑胡椒碎調味。

❸ 待雞胸肉煮熟撈出，略微放涼，撕成方便食用的大塊。

❹ 大火將高湯煮至約剩一半的量後，放入青花菜、香菇片、雞胸肉，煮熟，用鹽和黑胡椒碎調味即可。

特色

這是經典川菜「芋兒雞」的家常健康版本，少油不辣的風味更適合在家烹煮，而芋頭一定要煮得夠軟爛才好吃。

材料

雞翅 6 隻｜芋頭 200 克｜高湯 1 碗｜細砂糖 1 小匙｜生抽 2 小匙｜清酒 1 大匙｜植物油 2 小匙

烹飪祕笈

如果用香芋替換芋頭，口感會更加綿密香軟。

💧 軟爛香綿
芋頭煮雞翅

🕐 30 分鐘　☁ 簡單

作法

❶ 將芋頭去皮，洗乾淨，切成塊。

❷ 熱鍋後放入植物油，加入雞翅煎至上色，淋入清酒煮開。

❸ 加入高湯、細砂糖、生抽煮開，煮至雞翅六分熟。

❹ 加入芋頭煮至軟爛即可。

💧 相得益彰的美味
蛤蜊煮雞翅

🕐 30 分鐘　👨‍🍳 中等

特色

雞翅藉著蛤蜊的鮮、蛤蜊藉著雞翅的香，兩者相輔相成，無須過多食材就很好吃，是家常菜中常見的搭配。

材料

雞翅 6 隻｜蛤蜊 200 克｜薑片 2 片｜蒜頭 2 瓣｜蔥白 1 段｜料理酒 1 大匙｜生抽 1 大匙｜老抽 1 小匙｜細砂糖 1 小匙｜月桂葉 1 片｜八角 1 個｜蔥花 1 小匙｜植物油 2 小匙｜鹽少許

烹飪祕笈

可以用這種方法料理雞塊、雞腿，都很美味。

作法

❶ 蛤蜊提前放入鹽水中，吐沙 1～2 小時，洗淨備用。

❷ 在雞翅上劃幾刀，擦乾水分。

❸ 熱鍋後加入油，再放入薑片、蒜頭、蔥段爆出香味，放入八角、月桂葉。

❹ 放入雞翅，炒至表面緊縮上色。

❺ 加入料理酒煮 2 分鐘，再加入生抽、老抽、細砂糖和一小碗開水煮開。

❻ 待雞翅煮至能輕鬆插入筷子，再放入蛤蜊煮至開口，最後以大火收汁。

❼ 裝盤，撒上蔥花即可。

成都街頭的清湯飯
雞絲豆湯飯

🕐 180 分鐘　　👨‍🍳 中等

材料

豌豆（乾）100 克｜土雞 1/2 隻｜老薑 1 塊｜蔥結 1 個｜米飯 1 碗｜青菜 50 克｜蔥花少許｜鹽適量｜白胡椒粉少許

烹飪祕笈

可以用肥腸、排骨代替土雞。

特色

以雞湯為底，配以豌豆的軟綿口感，蔬菜的清香，飽滿的飯粒，一碗足矣。

作法

❶ 豌豆洗乾淨，用水浸泡 12 小時以上。

❷ 土雞洗淨，汆燙去血水。

❸ 將土雞、豌豆、老薑、蔥結、白胡椒粉、清水一同放入燉鍋中，大火煮開，轉中火燉煮約 2 小時，直至豌豆充分軟爛。

❹ 將土雞取出，將雞肉撕成粗絲。

❺ 將米飯、作法 3 土雞湯一同放入小鍋中燒開，用鹽和白胡椒粉調味。

❻ 加入青菜和雞絲煮熟，撒上蔥花即可。

快手炒咖哩
咖哩雞肉鷹嘴豆

🕐 20 分鐘　🍴 中等

特色

不需要長時間燉煮,這款炒製的咖哩便捷又迅速,還非常適合用來作為飯糰餡料。使用鷹嘴豆罐頭,軟綿而不散爛,煮一煮就很好吃。

材料

雞腿肉 200 克｜鷹嘴豆罐頭 1 罐（400 克）｜咖哩塊 3 塊｜洋蔥末 50 克｜番茄（小）1 個｜蒜末 1 小匙｜薑末 1 克｜植物油 1 大匙｜月桂葉 1 片｜香菜碎 1 小匙｜鹽 1 小匙｜黑胡椒碎少許

烹飪祕笈

這道咖哩熱食冷吃都很美味。

作法

❶ 將雞腿肉切成大塊,番茄切成小塊。

❷ 平底鍋燒熱,加入植物油,放入月桂葉、蒜末、洋蔥末翻炒,至顏色微微呈焦糖色。

❸ 加入薑末、咖哩塊、一半鹽炒出香味,加入番茄塊炒軟。

❹ 加入雞肉塊炒至表面顏色變白。

❺ 將鷹嘴豆罐頭連同湯汁一同放入鍋中,煮至雞肉熟成即可,用黑胡椒碎和剩餘鹽調味。

❻ 加入香菜碎拌勻,裝盤即可。

惹味川香
麻辣煮鴨血

🕐 15 分鐘　🍴 簡單

特色

鴨血的爽滑細嫩，火鍋底料的辣、泡椒的酸，都令人無法抵擋，且十分下飯。

材料

鴨血 300 克｜泡椒 3 個｜火鍋底料 1 大匙｜蒜苗 2 根｜薑末 1 小匙｜蒜末 1 小匙｜高湯 1 碗｜鹽少許

烹飪祕笈

1 建議選擇預先蒸熟的鴨血，使用較方便，用豬血亦可。
2 在起鍋前加入少許陳醋，便是美味的酸辣鴨血。

作法

① 將鴨血洗淨，切成塊；蒜苗洗淨，切成段。

② 沸水中加入少許鹽，加入鴨血汆燙約 2 分鐘，撈出瀝乾水分。

③ 小鍋中加入高湯煮沸，放入火鍋底料、薑末、蒜末、泡椒再次煮開。

④ 放入鴨血塊煮熟，加入蒜苗段，煮開即可裝盤。

特色

鮭魚油脂豐潤且富含膠質，用咖哩燉煮能緩解油膩感與海魚的腥味。吃完魚後的咖哩汁一定要用來拌飯喔！

材料

鮭魚 2 塊（約 200 克）｜秋葵 4 個｜咖哩塊 2 小塊｜麵粉適量｜鹽少許｜黑胡椒碎少許｜植物油 1 小匙

烹飪祕笈

這種作法同樣適合用來做鮭魚魚頭。

💧膠質滿滿的醇香煮物
咖哩煮鮭魚

🕐 30 分鐘　🍚 中等

作法

❶ 秋葵洗淨，切成小滾刀塊。

❷ 在鮭魚上撒上鹽和黑胡椒碎，醃 5 分鐘，拍上少許麵粉。

❸ 平底鍋倒油燒熱，放入鮭魚煎至表面金黃，取出。

❹ 在小鍋中加入少許清水煮開，放入鮭魚、秋葵、咖哩塊煮熟即可。

尋常食材的不尋常味道
鮪魚煮馬鈴薯

🕐 15 分鐘　　🍳 中等

特色

馬鈴薯與鮪魚罐頭都是家中常備的食材，搭配在一起令人十分驚艷。軟綿的馬鈴薯煮得酥爛，包裹著一層鮪魚魚肉，鹹鮮質軟，極其美味。

材料

鮪魚罐頭（油浸為佳）1 罐｜馬鈴薯 500 克｜清酒 20cc｜日本醬油 20cc｜味醂 20cc｜細砂糖 5 克｜植物油 10cc

烹飪祕笈

可以根據自己的喜好撒上蔥花、黑胡椒碎等。

作法

❶ 準備好所有材料，鮪魚罐頭打開備用。

❷ 馬鈴薯洗淨，削皮、切塊。

❸ 小鍋燒熱，加入植物油和馬鈴薯塊輕輕拌炒均勻。

❹ 加入鮪魚罐頭（連同湯汁）、清酒、一杯清水，煮開。

❺ 加入細砂糖和味醂，轉中火煮至馬鈴薯能用筷子輕輕插入的程度。

❻ 加入日本醬油，轉小火煮至收汁即可。

瘋狂的水
義式水煮鱸魚

🕐 30 分鐘　👨‍🍳 中等

特色

這道原譯為「瘋狂的水」的經典義式水煮魚，用魚類加上清水烹煮而成，充分展現了魚類和貝類的鮮美滋味。

材料

海鱸魚 1 條（約 400 克）｜橄欖油 1 大匙｜蒜頭 1 瓣｜白葡萄酒 2 大匙｜孔雀蛤 200 克｜小番茄 4 個｜西洋芹碎 1 小匙｜鹽少許｜黑胡椒碎少許

烹飪祕笈

這種作法也適合用於其他白色魚肉的海魚。

作法

❶ 海鱸魚洗淨，在表面劃上幾刀，撒上鹽和黑胡椒碎，醃製10 分鐘使之入味。

❷ 孔雀蛤刷洗乾淨。

❸ 小番茄洗淨，一切為二。

❹ 平底鍋燒熱，加入橄欖油、蒜頭，再放入海鱸魚煎至表面上色。

❺ 放入孔雀蛤，淋入白葡萄酒，加入適量清水燒開。

❻ 待魚肉將熟，放入小番茄煮軟，用鹽和黑胡椒碎調味，撒上西洋芹碎即可。

念念不忘的湯羹
酸辣濃湯煮魚丸

🕐 15 分鐘　👨‍🍳 中等

特色

酸辣開胃的湯羹，辣味來源於湯中大量使用的白胡椒粉，可在最後淋上少許辣油提升香味與辣味。吃完後，額頭上微微冒汗的感覺，最是舒服。

材料

魚丸 200 克｜鮮香菇（或乾香菇）3 朵｜泡發黑木耳 5 朵｜韭黃 20 克｜雞蛋 2 個｜陳醋 2 大匙｜生抽 1 大匙｜料理酒 2 小匙｜清雞湯 2 碗｜香菜段 10 克｜鹽少許｜白胡椒粉大量｜麵粉水適量

烹飪祕笈

1 可以用蔥花代替香菜。

2 可以用冬筍絲代替韭黃。
3 這道湯羹可以作為麵條的湯頭。

作法

❶ 將泡發黑木耳切成粗絲；鮮香菇洗淨，切成片；韭黃洗淨，切段。

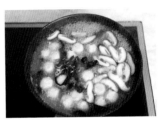

❷ 在小鍋中將雞湯煮沸，放入魚丸、黑木耳和香菇。

❸ 加入生抽、白胡椒粉、料理酒、鹽煮開。

❹ 將雞蛋打散，倒入鍋中。

❺ 加入麵粉水勾厚芡，放入韭黃段，淋入陳醋，煮開。

❻ 將湯裝入碗中，撒上香菜段即可。

紅燒、清蒸皆相宜
醬油水煮黃魚

🕐 15 分鐘　👨‍🍳 中等

特色

醬油水煮是閩南一帶最常見的煮魚方法，最能凸顯出魚的原味。除了黃魚，用來烹煮海魚也很美味。

材料

大黃魚1條（約300克）｜蛤蜊300克｜蒜苗2根｜紅辣椒段2個｜蒜頭（拍破）3瓣｜薑片2片｜蒸魚豉油1大匙｜植物油1大匙｜白醋1小匙｜醬油2大匙｜鹽少許

烹飪祕笈

用這種作法來製作小海魚也很美味。

作法

❶ 將蛤蜊提前放入鹽水中吐沙；黃魚剖洗乾淨，擦乾水分；蒜苗切段；紅辣椒切丁。

❷ 熱鍋後放入油，再放入薑片、蒜頭、紅辣椒丁、蒜苗的蒜白部分，爆炒出香味。

❸ 加入一碗開水、蒸魚豉油、醬油、白醋煮開。

❹ 放入黃魚煮至六分熟。

❺ 放入蛤蜊煮至開口，加入剩餘青蒜苗段，即可裝盤。

💧 酸辣胖頭魚

泡椒煮魚頭

🕐 30 分鐘　👨‍🍳 中等

特色

花鰱魚又稱「胖頭魚」，頭大肉嫩，用酸辣的泡椒燉煮入味，令人胃口大開。

材料

花鰱魚頭 1 個（約 500 克）｜泡椒 10 個｜泡青菜段 100 克｜泡椒水 1 大匙｜芹菜段 10 克｜薑片 3 片｜小蔥結 1 個｜植物油 1 大匙｜白胡椒粉少許｜鹽適量｜料理酒 1 大匙

烹飪祕笈

可以加入少許辣椒醬，風味更醇厚。

作法

① 將魚頭清洗乾淨，一切為二，加入料理酒、少許鹽和白胡椒粉抹勻，醃製 15 分鐘。

② 炒鍋燒熱，倒入植物油，放入魚頭和薑片，煎至表面呈金黃色。

③ 放入泡椒、泡青菜段、蔥結，翻炒出香味，再加入泡椒水和一碗開水煮開。

④ 燉煮 15 分鐘至魚頭略微軟爛，加入芹菜段，用鹽調味即可。

特色

大量使用香料製成的綠咖哩，清香味辣，特別開胃，尤其適合烹煮各類海鮮與蔬菜。

材料

蝦仁 12 隻｜茄子 100 克｜櫛瓜 100 克｜綠咖哩醬 1 大匙｜椰漿 100cc｜羅勒葉 10 片｜鹽少許｜黑胡椒碎少許

烹飪祕笈

1 蔬菜可以選擇自己喜歡的種類。
2 綠咖哩較辣，請酌量使用。

💧 清香味辣

泰式綠咖哩煮蝦仁

🕐 15 分鐘　🍳 簡單

作法

❶ 將櫛瓜和茄子分別洗淨，一切為二，切成厚片。

❷ 小鍋內放入綠咖哩醬、椰漿和少許清水燒開。

❸ 加入茄子、蝦仁、櫛瓜煮 3 分鐘。

❹ 用鹽和黑胡椒碎調味，放入羅勒葉，即可裝盤。

多一味更美味
麻婆蝦仁豆腐

⏱ 30 分鐘　👨‍🍳 中等

特色

在傳統的麻婆豆腐中加入蝦仁，豆腐麻辣鮮香，蝦球彈牙，味道豐富，營養均衡。

材料

豆腐 1 塊（約 300 克）｜蝦仁 8 隻｜牛絞肉 50 克｜蒜苗段 30 克｜豆瓣醬 2 小匙｜花椒粉少許｜生抽 2 小匙｜植物油 1 大匙｜香油 1 小匙｜麵粉水適量｜蒜末 1 小匙｜鹽少許

烹飪祕笈

可以用豬絞肉代替牛絞肉。

作法

❶ 將豆腐洗淨，切塊。

❷ 熱鍋後放入油，放入牛絞肉炒散，中小火煸至發乾、顏色焦黃。

❸ 加入豆瓣醬和蒜末，炒至出紅油，加入生抽、一小杯清水煮開。

❹ 加入蝦仁、鹽和豆腐煮熟。

❺ 加入麵粉水勾厚芡，淋入香油，放入蒜苗段煮開，即可裝盤。

❻ 撒上少許花椒粉，趁熱食用。

鮮甜甘潤
蝦仁煮冬瓜
⏱ 30 分鐘　🍳 中等

特色

冬瓜清熱解暑，蝦仁鹹鮮味美，二者搭配鮮甜甘潤。用蝦米、蝦皮代替蝦仁亦是不錯的選擇。

材料

蝦仁 10 隻｜冬瓜 300 克｜薑絲 1 小匙｜蛋白少許｜蔥花 2 小匙｜料理酒 1 小匙｜高湯 500cc｜鹽少許｜麵粉水適量｜植物油 1/2 大匙

烹飪祕笈

如果不使用蝦仁，也可以用蝦皮代替。

作法

❶ 蝦仁洗淨，放入小碗中，加入鹽、料理酒、1 小匙麵粉水、蛋白抓勻，靜置 15 分鐘。

❷ 冬瓜去皮、去囊，切成小塊。

❸ 在小鍋中放入高湯煮開，加入冬瓜和薑絲煮至七分熟，盛出。

❹ 熱鍋後放入植物油，加入蝦仁煎至上色，再倒入作法 3 中的高湯和冬瓜，煮開。

❺ 淋入少許麵粉水勾芡，加入蔥花炒勻，裝盤即可。

特色

蝦皮是天然的味精與鈣片，總習慣在料理蔬菜時放入一把，讓樸素的蔬菜味道變得更鮮美了。

材料

芥藍 200 克｜鮮香菇 4 朵｜蝦皮 10 克｜高湯 1 碗｜麵粉水少許｜白胡椒粉少許

烹飪祕笈

1 可以用其他綠葉蔬菜代替芥藍。

2 蝦皮的鹽分較高，基本上不需要額外加鹽。

💧 天然味精入菜來

蝦皮煮芥藍

🕐 15 分鐘　👨‍🍳 簡單

作法

❶ 將鮮香菇洗淨，切成片；芥藍處理乾淨。

❷ 將高湯放入鍋子中煮開，加入香菇片、蝦皮、少許白胡椒粉煮開。

❸ 加入芥藍煮軟，撈起放入深盤中。

❹ 將鍋子煮開，放入麵粉水勾芡，淋在盤中的芥藍上即可。

白酒孔雀蛤

💧 法式小酒館的味道

🕐 15 分鐘　　🍳 簡單

特色

孔雀蛤即貽貝，是價廉物美的貝類。大量使用白葡萄酒烹煮，讓酒香滲透進孔雀蛤中，能最大限度保留孔雀蛤原本的鮮嫩多汁。

材料

孔雀蛤 500 克｜蒜末 1 小匙｜洋蔥末 1 小匙｜白葡萄酒 1 杯｜奶油 1 小塊｜月桂葉 1 片｜百里香 1 枝｜黑胡椒碎少許｜西洋芹碎 1 小匙

烹飪祕笈

1 如果使用清酒代替白葡萄酒，即為清酒孔雀蛤。
2 使用其他種類的貝類代替孔雀蛤也同樣美味。

作法

❶ 孔雀蛤刷洗乾淨。

❷ 炒鍋中放入奶油煮至溶化，加入蒜末和洋蔥末爆炒出香味。

❸ 加入月桂葉、百里香、黑胡椒碎、葡萄酒煮開。

❹ 放入孔雀蛤，蓋上蓋子，煮 5 分鐘至開口，關火。

❺ 撒上西洋芹碎即可。

💧 一次吃個過癮
味噌煮蛤蜊

🕐 15 分鐘　　👨‍🍳 簡單

特色

蛤蜊、海帶芽與味噌是日式味噌湯的經典搭配，大量使用蛤蜊，吃起來更過癮，也可以煮一些嫩豆腐，飽吸湯汁。湯汁還能泡飯，極為鮮美。

材料

蛤蜊 500 克｜海帶芽 5 克｜薑絲 5 克｜味噌醬 2 大匙｜蔥花 1 小匙｜鹽少許

烹飪祕笈

可以在湯中加入嫩豆腐，味道也很美味。

作法

❶ 將蛤蜊放進鹽水中浸泡 2 小時，使其吐盡泥沙。

❷ 海帶芽用清水泡發，清洗乾淨。

❸ 在小碗中放入味噌醬和少許清水，充分調勻。

❹ 在鍋中放入一碗水和薑絲煮開，放入蛤蜊煮至開口。

❺ 加入海帶芽煮開。

❻ 放入調勻的味噌醬，煮開後立即關火，撒上蔥花即可。

濃湯時蔬
上湯菠菜

🕐 30 分鐘　🍳 中等

材料

菠菜 300 克｜皮蛋 1 個｜鹹蛋 1
個｜蒜頭（拍破）8 瓣｜薑絲 2
克｜鹽少許｜白胡椒粉少許｜植
物油 1 大匙｜高湯 1 碗

烹飪祕笈

用青江菜、娃娃菜、生菜代替菠
菜同樣美味。

特色

只用皮蛋、鹹蛋便能輕鬆煮出鹹鮮濃厚的高湯，炸蒜頭的甜
軟與香氣，用來煮任何綠葉蔬菜都很美味。如果可以，請務
必使用豬油代替植物油，風味更佳。

作法

❶ 將皮蛋和鹹蛋洗淨，去殼，
切成方粒。

❷ 將菠菜處理乾淨，切成長
段。

❸ 熱鍋後加入植物油，放入蒜
頭炸至微微焦黃。

❹ 放入薑絲、皮蛋粒和鹹蛋粒
略微翻炒。

❺ 加入高湯、白胡椒粉煮沸。

❻ 放入菠菜煮熟，用鹽調味即
可。

泉水叮咚
泉水蘿蔔
⏱ 40分鐘

特色

以礦泉水煮出的蘿蔔十分清甜，味道清新而雋永。與濃郁的醬料同食，別具風味。

材料

白蘿蔔 1 根｜礦泉水 1 瓶｜薑絲 5 克｜小米辣圈 1 小匙｜香菜碎 1 小匙｜生抽 1 大匙｜陳醋 1/2 大匙｜辣椒醬 2 小匙｜鹽少許

烹飪祕笈

建議選擇無油的辣椒醬，口味更加清爽。

作法

❶ 將蘿蔔去皮，洗淨，對半切開，再切成厚片。

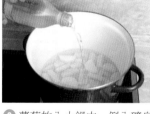

❷ 蘿蔔放入小鍋中，倒入礦泉水，蓋上蓋子，小火燉煮 30 分鐘，使蘿蔔充分柔軟。

❸ 在小碗中放入薑絲、鹽、小米辣圈、香菜碎、生抽、陳醋、辣椒醬，混合均勻成為醬料。

❹ 煮熟的蘿蔔搭配醬料一同食用即可。

特色

這道利用當令食材入菜的菜餚，外觀看起來樸實無華，入口卻盡是濃醇鮮美。若是講究一點，可使用小火慢燉的雞湯，滋味立刻倍增。

材料

白菜 300 克｜栗子仁 50 克｜高湯 1 碗｜薑片 2 片｜蔥白 1 小段｜鹽少許｜白胡椒粉少許｜植物油 1 小匙

烹飪祕笈

可以用娃娃菜代替白菜，味道更鮮甜。

秋意盎然
栗子煮白菜
🕐 15 分鐘　🎩 簡單

作法

❶ 將白菜洗淨，切成適口的塊狀；栗子仁切成小塊。

❷ 熱鍋後放入植物油，加入薑片和蔥白段煎出香味，至顏色微微焦黃。

❸ 加入高湯和少許白胡椒粉煮開。

❹ 加入栗子仁和白菜煮熟，用鹽調味即可。

道地廣式糖水
腐竹煮白果

⏱ 30 分鐘　🍴 簡單

特色

這是一道順滑軟綿、營養豐富、祛濕消腫、美白養顏的道地廣式糖水。

材料

腐竹（乾）30 克｜白果仁 30 克｜鵪鶉蛋 4 個｜薏仁 20 克｜冰糖 20 克

烹飪祕笈

可以用荷包蛋代替鵪鶉蛋。

作法

❶ 將薏仁提前一夜浸泡，清洗乾淨。

❷ 腐竹浸泡 30 分鐘左右至柔軟，取出，切成段。

❸ 鵪鶉蛋煮熟，剝殼備用。

❹ 將薏仁和適量清水放入湯鍋中，大火煮開，轉小火燉煮 30 分鐘左右至軟爛。

❺ 加入腐竹、白果、鵪鶉蛋，煮 20 分鐘，再加入冰糖煮開即可。

特色

熟悉的奶油濃湯香味，是多種乳製品的混合，香甜味濃，正餐點心都很適合。

材料

玉米 2 根｜鮮奶油 100cc｜牛奶 200cc｜細砂糖 1 大匙｜奶油 20 克

烹飪祕笈

如果使用玉米粒，只需煮 5 分鐘即可。

濃濃奶油香
奶油煮玉米

🕐 30 分鐘　👨‍🍳 簡單

作法

❶ 將玉米處理乾淨，剁成方便食用的塊狀。

❷ 在湯鍋中放入鮮奶油、牛奶、細砂糖、玉米、適量清水一起煮開，轉小火煮 15 分鐘。

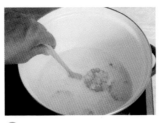

❸ 放入奶油煮至溶化，混合均勻。

❹ 將玉米裝盤，淋入湯汁即可。

葷香素菜
蠔油煮雙冬

🕐 60 分鐘　👨‍🍳 中等

特色

冬筍脆嫩、冬菇細軟，這是以前在高級宴席中才會出現的經典素菜。也可以加入火腿、干貝、高湯煮出更為講究的「葷香素菜」。

材料

冬筍 500 克（帶殼）│ 冬菇（乾）5 朵 │ 生薑（拍破）1 小塊 │ 蠔油 2 小匙 │ 花椒少許 │ 料理酒 1 大匙 │ 老抽 1 小匙 │ 香油少許 │ 麵粉水少許 │ 細砂糖 1 小匙 │ 植物油 1 大匙 │ 鹽少許

烹飪祕笈

可以用秀珍菇代替冬菇，用春筍代替冬筍。

作法

❶ 將冬菇提前一夜用水泡發。泡冬菇的水過濾備用。

❷ 冬筍剝皮，切塊。

❸ 將冬筍放入水中煮 1 小時左右，去除澀味，撈出備用。

❹ 熱鍋後放入油，再放入生薑塊、花椒煸出香氣。

❺ 加入蠔油、老抽、細砂糖、鹽、料理酒、泡冬菇的水（約一碗的量）煮開。

❻ 加入冬菇、冬筍煮入味。

❼ 加入麵粉水勾芡，淋入少許香油提香即可。

酸菜煮蒟蒻

○ 「吃不胖」的酸辣下飯菜

① 30 分鐘　○ 簡單

特色

「吃不胖」的蒟蒻，是糖尿病患者和肥胖人士的理想食材，用酸菜烹煮，酸辣入味，熱量卻很低。

材料

蒟蒻 300 克 | 酸菜 50 克 | 植物油 2 小匙 | 乾辣椒（切片）1 條 | 蒜片 2 瓣 | 鹽適量

烹飪祕笈

選擇四川酸菜或者雲南酸菜都很美味，可以放些酸泡椒增加酸辣味。

作法

❶ 將酸菜切成段或絲。

❷ 將蒟蒻切成粗條狀。

❸ 鍋裡加入清水煮開，放入少許鹽、蒟蒻條煮 5 分鐘，撈出瀝乾水分。

❹ 平底鍋燒熱，放入植物油，加入蒜片、乾辣椒爆香。

❺ 放入酸菜翻炒出香味。

❻ 再放入蒟蒻條、一杯開水煮開，燉煮 5 分鐘，用鹽調味即可。

山野的味道
海帶芽煮鮮筍

🕐 60 分鐘　👨‍🍳 中等

特色

這是日本料理中頗具代表性的一道素菜，滋味清新而雋永。在竹筍盛產的季節裡，這道料理特別能凸顯食材的原味。

材料

竹筍 500 克｜海帶芽 5 克｜日式高湯 1 碗｜鹽少許｜醬油 1 大匙｜味醂 1 大匙

烹飪祕笈

竹筍使用冬筍或者春筍均可。

作法

❶ 將竹筍去殼，削去表面老皮，切掉老根，再切成小塊。

❷ 竹筍放入清水中煮 30 分鐘至完全熟透，去除澀味，撈出備用。

❸ 海帶芽用清水浸泡，清洗乾淨。

❹ 在小鍋中放入日式高湯，加入味醂和醬油煮開，放入竹筍煮 10 分鐘。

❺ 放入洗好的海帶芽煮開，用鹽調味即可。

清爽多汁

番茄煮櫛瓜

15 分鐘　簡單

特色

這是夏季常見的蔬菜組合，成熟度高的番茄與水嫩的櫛瓜形成反差，使用橄欖油則能明顯提升出風味。

材料

番茄 2 個（約 300 克）｜櫛瓜 1 根｜橄欖油 1 大匙｜鹽少許｜黑胡椒碎少許

烹飪祕笈

如果不使用新鮮番茄，也可以用番茄罐頭代替，風味更加濃郁。

作法

❶ 番茄洗淨，用小刀將蒂部切除。

❷ 番茄放入沸水中汆燙，至皮裂開後撈出，放入冷水中撕除皮。

❸ 將番茄切成舟狀。

❹ 櫛瓜洗淨，一切為二，切成厚片。

❺ 熱鍋後放入橄欖油，加入切好的番茄塊翻炒至出水分。

❻ 加入櫛瓜翻炒，再放入少許清水燉煮至軟，用鹽和黑胡椒碎調味即可。

🔵 煮毛豆新作法
五香滷煮毛豆

🕐 30 分鐘　👨‍🍳 簡單

特色

日式煮毛豆的方式既能入味還能保持毛豆碧綠的色澤，是夏日裡解饞點心與下酒小菜。

材料

毛豆 500 克｜八角 1 個｜月桂葉 1 片｜花椒 1 小匙｜鹽 2 大匙

烹飪祕笈

這種作法要透過搓揉使鹽分進入豆莢中，所以不需要剪去兩端，非常方便，煮出的毛豆顏色也很翠綠。

作法

❶ 毛豆用水清洗乾淨，瀝乾水分。

❷ 將毛豆放入大碗中，加入鹽，用力搓揉，使鹽分能進入豆莢，放置 15 分鐘。

❸ 鍋中放入兩大碗水，加入八角、月桂葉、花椒煮開，繼續煮 5 分鐘，使香味滲出。

❹ 放入毛豆煮開，接著煮 5 分鐘。

❺ 取出毛豆，瀝乾水分，攤在平盤上，放在冷風處使其迅速降溫。

❻ 毛豆可以立即食用，也可以冷藏後食用。

Chapter 3

燉

初春時節的念想
醃篤鮮
🕐 60 分鐘　👨‍🍳 中等

特色

醃指鹹肉，鮮指鮮肉，篤是小火慢燉的意思，「醃」「鮮」相配與春筍「篤」出濃香的春天風味。

作法

❶ 將竹筍去殼、去老根，切成滾刀塊。

❷ 竹筍放入沸水中煮 5 分鐘，撈出，瀝乾水分。

❸ 將鹹肉和豬小排放入鍋中，加入適量清水煮開，撈出洗乾淨。

❹ 在湯鍋中放入鹹肉、豬小排、薑片、蔥結、白胡椒粉和適量清水，大火煮沸，轉中小火燉煮 30 分鐘。

❺ 放入切成塊的竹筍續煮 10 分鐘，用鹽調味即可。

名「茶」非茶
肉骨茶

🕐 60 分鐘　　👨‍🍳 中等

特色

相傳，肉骨茶是華人初到南洋時，為配合當地溼熱的氣候條件而搭配出的藥膳。以排骨和藥材同煲而成，可健脾除溼。

材料

豬肋排 500 克｜蒜頭 10 瓣｜薑片 2 片｜肉骨茶料包 1 包｜香菇6 朵｜枸杞子 10 粒｜紅棗 4 顆｜醬油 1 大匙｜蠔油 1 大匙｜青江菜適量｜油條適量｜植物油適量｜鹽適量

烹飪祕笈

肉骨茶也可以搭配米飯一起食用。

作法

❶ 肋排剁成段，放入沸水中汆燙後洗去浮沫。

❷ 炒鍋中放入適量植物油，放入蒜頭炸至金黃色，撈出瀝油。

❸ 將肋排、薑片、肉骨茶包放入湯鍋中，加入足量的熱水，大火煮沸，轉小火燉煮 40 分鐘。

❹ 加入醬油、蠔油、枸杞子、紅棗、香菇、蒜頭，續煮 20 分鐘，用鹽調味即可。

❺ 在鍋中加入清水煮沸，放入青江菜燙熟，撈出瀝乾水分。

❻ 將煮好的肉骨茶裝入碗中，擺上青江菜，搭配油條食用。

進階糖醋小排
梅子燒排骨

🕐 30 分鐘　👨‍🍳 簡單

特色

用話梅的酸甜來代替糖醋,口味更加柔和且富含果香,令人食指大動,胃口大開。

材料

豬肋排 500 克｜話梅 15 粒｜細砂糖 50 克｜生抽 2 大匙｜黃酒 1 大匙｜薑片 2 片｜蔥結 1 個｜植物油適量

烹飪祕笈

話梅可以用青梅、酸梅代替。

作法

❶ 肋排剁成段,放入沸水中汆燙後,撈出清洗乾淨。

❷ 話梅加入少許開水浸泡 15 分鐘至軟。

❸ 鍋中加入適量植物油,放入細砂糖煮至溶化,熬成淺焦糖色,加入少許開水,煮開。

❹ 加入肋排、薑片、蔥結、黃酒、生抽、話梅(連同湯汁),大火煮開,轉中火煮 15 分鐘。

❺ 待湯汁濃稠,大火收汁,裝盤即可。

韓式泡菜燉脊骨

🔥 酸辣入味

🕐 60 分鐘　👨‍🍳 中等

特色

這道菜使用發酵時間長的老泡菜燉煮，濃郁的酸辣味包覆著每一塊脊骨，大口啃骨頭非常過癮。

材料

豬脊骨 500 克｜馬鈴薯 2 個（約 200 克）｜韓國泡菜 200 克｜洋蔥 1 個｜青辣椒 2 個｜蒜頭 5 瓣｜薑片 2 片｜大蔥段 1 段｜米酒 2 大匙｜韓式辣椒醬 1 大匙｜香油 1 大匙｜醬油 1 大匙｜鹽適量

烹飪祕笈

1 豬脊骨也可以用豬肋排代替。

2 建議選擇發酵時間長一些的泡菜，酸味明顯，燉煮出來更美味。

作法

❶ 將豬脊骨剁成大塊，放入清水中浸泡 2 小時使血水滲出，清洗乾淨（中途換幾次清水）。

❷ 馬鈴薯削皮、洗淨，切成塊；洋蔥去皮，切成塊；青辣椒洗淨，斜切成圈。

❸ 將豬脊骨放入清水中煮開，取出清洗乾淨。

❹ 將豬脊骨、蒜頭、薑片、大蔥段、米酒放入鍋中，加入淹過豬骨的開水，小火熬煮 30 分鐘。

❺ 將作法 4 倒入湯鍋中，再加入馬鈴薯、泡菜、韓式辣椒醬、醬油、少許鹽，續煮 20 分鐘，至馬鈴薯熟軟。

❻ 放入洋蔥塊、辣椒圈、香油續煮 5 分鐘，加少許鹽調味即可。

超過癮的滷肉飯
滷煮五花豬肉蛋

🕐 60 分鐘　👨‍🍳 中等

特色

若嫌滷肉飯裡的肉燥吃起來不過癮，可以換成滷煮到軟爛入味的大塊豬五花肉，搭配浸滿肉汁的雞蛋，淋在米飯上或者拌麵，每一口都超級過癮！

材料

豬五花肉 300 克｜雞蛋 2 個｜八角 2 個｜月桂葉 2 片｜丁香 2 個｜桂皮 1 小段｜生抽 2 大匙｜老抽 1 小匙｜冰糖 1 小塊｜薑片 2 片｜蔥結 1 個

烹飪祕笈

這種作法也適用於雞腿、肋排等。

作法

❶ 豬五花肉放入鍋中，加冷水煮開，撈出清洗乾淨。

❷ 雞蛋放入鍋中，加水煮開，撈出過冷水，剝殼備用。

❸ 將八角、月桂葉、丁香、桂皮、老抽、生抽、冰糖、薑片、蔥結放入鍋中，加入清水煮開，再續煮 5 分鐘。

❹ 放入豬五花肉，中火煮 20 分鐘。

❺ 接著放入雞蛋，煮 10 分鐘，關火浸泡 10 分鐘，將五花肉和雞蛋撈出。

❻ 將五花肉和雞蛋切成適口的大小，裝盤即可。

清熱潤肺
豬骨燉西洋菜

🕐 60 分鐘　👨‍🍳 簡單

特色

西洋菜是廣東人喜歡的煲湯食材之一，與豬骨一起煲湯，是秋冬季節頗受歡迎的清潤湯水。

材料

豬骨 300 克｜西洋菜 300 克｜鹽少許

烹飪祕笈

如果沒有新鮮西洋菜，可以用乾製品代替。

作法

❶ 將豬骨剁成塊。

❷ 西洋菜處理掉老根，清洗乾淨。

❸ 豬骨放入鍋中，加入清水煮開，撈出清洗乾淨。

❹ 將豬骨放入湯鍋中，加入開水燉煮 30 分鐘。

❺ 加入西洋菜煮 5 分鐘，用鹽調味即可。

特色

牛肝菌是全世界都廣為食用的野生菌,其香氣濃郁,與肥美的五花肉搭配,解膩增香。

材料

豬五花肉 200 克|乾牛肝菌 50 克|薑片 2 片|生抽 1 大匙|老抽 1 小匙|八角 1 個|月桂葉 1 片|鹽適量

烹飪祕笈

1 這種作法適用於各種乾菌類。
2 可以加點乾辣椒或者青辣椒以增添風味。

🔥 山林香菌

牛肝菌燉豬五花肉

🕐 120 分鐘　👨‍🍳 中等

作法

❶ 將牛肝菌清洗乾淨,浸泡 3 小時,取出牛肝菌,將浸泡的水過濾掉雜質備用。

❷ 豬五花肉切成大塊。

❸ 將豬五花肉汆燙後,取出洗淨備用。

❹ 在鍋中放入五花肉、牛肝菌、薑片、生抽、老抽、八角、月桂葉和浸泡牛肝菌的湯汁,大火煮開,轉小火燉煮約 1 小時,至五花肉軟爛,用鹽調味即可。

質樸家常味
海帶蓮藕燉豬骨

🕐 60 分鐘　👨‍🍳 中等

特色

秋風乍起，寒意蕭瑟，最渴望媽媽煨燉的那碗蓮藕排骨湯，藕塊粉綿、排骨軟爛，熱呼呼的湯帶著說不出的鮮甜。

材料

豬骨 400 克｜海帶 30 克｜蓮藕 1 節（約 200 克）｜鹽少許｜薑 2 片｜蔥結 1 個｜白胡椒粉少許

烹飪祕笈

根據時令，用蘿蔔、山藥代替蓮藕也很美味。

作法

❶ 海帶提前一夜浸泡，多換幾次水去除鹽分，切成適口大小。

❷ 豬骨洗淨，放入鍋中，加入清水煮開，撈出清洗乾淨。

❸ 蓮藕削皮，洗淨，切成塊。

❹ 將豬骨、海帶、薑片、蔥結、少許白胡椒粉放入湯鍋中，加入足量清水，大火煮開，轉小火煮 30 分鐘。

❺ 加入蓮藕，續煮 20 分鐘，用鹽調味即可。

軟軟綿綿的美容菜
啤酒燜燉豬蹄

🕐 60 分鐘　　👨‍🍳 中等

特色

豬蹄含有滿滿的膠原蛋白，用啤酒烹煮可除腥解膩。這道菜口味軟嫩濃郁，只留啤酒的功效，不留啤酒的味道。

材料

豬蹄 1 隻（約 500 克）｜啤酒 1 瓶｜薑片 3 片｜蔥結 1 個｜八角 1 個｜月桂葉 1 片｜桂皮 1 小塊｜生抽 1 大匙｜老抽 1 小匙｜細砂糖 2 小匙｜白酒 1 大匙｜白胡椒粉少許｜鹽少許｜豆腐乳 2 塊｜植物油 1 大匙

烹飪祕笈

使用味道濃郁的黑啤酒烹調，味道尤佳。

作法

❶ 豬蹄剁成塊，清洗乾淨。

❷ 將豬蹄、白酒和適量清水一同入鍋，大火煮開，接著煮 5 分鐘，撈出洗淨。

❸ 熱鍋後放入植物油燒熱，放入薑片、蔥結、八角、月桂葉、桂皮炒出香味。

❹ 放入豬蹄煸炒。

❺ 加入啤酒、豆腐乳、生抽、老抽、白胡椒粉、細砂糖，大火煮開，轉小火燉煮約 1 小時使之軟嫩，用鹽調味即可。

🔥 經典川味燒菜
川味香菇
燒肥腸

🕐 30 分鐘　👨‍🍳 簡單

特色

這是一道典型的川味燒菜，肥腸柔軟肥嫩，絲毫不膩不臭，除了香菇，加入時令的菜心或者蘿蔔皆可。

材料

肥腸 400 克｜鮮香菇 200 克｜豆瓣醬 1 大匙｜花椒粒 5 粒｜八角 2 個｜植物油 1 大匙｜薑片 2 片｜蔥結 1 個｜老抽 1/2 大匙｜料理酒 1 大匙｜鹽少許｜香菜段適量

烹飪祕笈

1 肥腸較難處理，要用麵粉反覆揉搓，最後用白醋清洗一遍，也可以買處理好的熟肥腸。

2 除了香菇之外，黃豆、菜心都非常適合這種作法。

作法

❶ 將肥腸清洗乾淨。

❷ 肥腸放入鍋中，加入足量的清水，大火燒開後再煮 5 分鐘，撈出洗淨。

❸ 將肥腸切成小段；鮮香菇洗淨，切成塊。

❹ 熱鍋後放入植物油，加入薑片、蔥結、八角、花椒粒爆炒出香味。

❺ 轉小火，加入豆瓣醬炒至出色。

❻ 加入肥腸煸炒後，放入料理酒、老抽和適量清水煮開，轉中火燉煮 30 分鐘左右。

❼ 加入香菇塊，再續煮 5 分鐘使之入味，用少許鹽調味。

❽ 裝盤，撒上香菜段即可。

🔥 如脂亦如雪
牛骨雪濃湯

🕐 300 分鐘　　👨‍🍳 中等

特色

這道湯是將牛骨和牛腱肉一起長時間熬煮而成,是傳統的韓式滋補湯,最適合搭配米飯或者餃子食用。

材料

牛骨塊 1000 克 | 牛腱 300 克 | 大蔥 50 克 | 薑片 20 克 | 米酒 1 大匙 | 鹽適量 | 白胡椒粉少許

烹飪祕笈

1 牛腱也可以用其他較瘦的牛肉部位代替,如牛肩胛里肌、菲力等,但牛腩等較多脂肪的部位不適合做這道湯品。

2 可以在雪濃湯中放入麵條或者米飯一起食用。

作法

❶ 牛骨塊放入清水中浸泡 2 小時以去除血水,撈出瀝乾水分。

❷ 牛腱放入清水中浸泡 30 分鐘,去除血水,取出瀝乾水分。

❸ 在湯鍋或電子鍋中倒入足量清水,煮開,加入牛骨塊、牛腱、薑片、米酒、白胡椒粉煮開,繼續煮 20 分鐘(期間不時撈除浮沫)後,取出牛腱。

❹ 轉小火,繼續燉煮 4 小時左右至湯汁呈現乳白色,用鹽和白胡椒粉調味。

❺ 將冷卻的牛腱切薄片,大蔥切成薄片,一起放入湯碗中。

❻ 淋上作法 4 熬好的濃湯即可。

番茄馬鈴薯燉牛腩

🔥 酸爽番茄香

⏱ 80 分鐘　☁ 中等

特色

牛肉與番茄一經邂逅，便臣服於它酸酸甜甜的魅力，而加入綿軟的馬鈴薯後，湯汁濃醇酸爽，不油不膩。

材料

牛腩 400 克｜番茄 2 個｜馬鈴薯 1 個｜洋蔥 1/2 個｜薑片 2 片｜蔥結 1 個｜料理酒 1 大匙｜生抽 1 大匙｜香菜段適量｜鹽少許｜白胡椒粉少許

烹飪祕笈

如果買不到成熟度高的番茄，可以用番茄罐頭代替，味道更濃郁。

作法

❶ 將牛腩切成大塊，汆燙，備用。

❷ 番茄頂部劃十字，放入熱水中汆燙後取出，用冷水沖涼，撕除表皮，切成大塊。

❸ 將馬鈴薯去皮，洗淨，切成大塊。

❹ 鍋中放入清水、牛腩、薑片、蔥結、料理酒、白胡椒粉，大火燒開，轉中火燉煮40分鐘。

❺ 加入洋蔥塊、番茄塊、馬鈴薯塊、生抽燉煮 20 分鐘，用鹽調味。

❻ 裝盤，撒上香菜段即可。

經典法式燉菜
法式紅酒
燉牛肉

🕐 180 分鐘　👨‍🍳 中等

特色

紅酒燉牛肉是法國勃艮第地區的家常菜，也是西餐中十分出名的燴燉料理。牛肉酥爛而不散，肉汁濃郁，拌飯或搭配義大利麵均相宜。

材料

牛肉 400 克｜紅蘿蔔 1 根｜培根 2 片｜紅酒 300cc｜洋蔥 1/2 個｜月桂葉 1 片｜番茄醬 1 大匙｜香菇 100 克｜黑胡椒碎少許｜橄欖油 1/2 大匙｜奶油 20 克｜蒜頭 1 瓣｜鹽適量

烹飪祕笈

如果不使用烤箱和鑄鐵鍋，可以直接在電子鍋中燉煮熟，但要注意水的用量。

作法

❶ 牛肉洗淨，切大塊；紅蘿蔔和洋蔥分別洗淨，去皮，切塊；培根切塊；香菇洗淨，一切為二。

❷ 鑄鐵鍋中放入適量奶油，加入牛肉塊，煎至每一面焦黃上色，取出牛肉塊。

❸ 在鍋中放入培根煎至出油。

❹ 加入蒜頭、洋蔥和紅蘿蔔翻炒，再放入牛肉塊。

❺ 倒入紅酒，加入番茄醬、月桂葉、適量開水、鹽、黑胡椒碎，混合均勻。

❻ 烤箱預熱 160℃，將鑄鐵鍋蓋上鍋蓋，放入烤箱中烤約 3 小時。

❼ 平底鍋中放入橄欖油，再放入香菇翻炒至熟，用鹽和黑胡椒碎調味。

❽ 取出鑄鐵鍋中的燉牛肉裝盤，配上香菇即可。

主婦必學料理
日式馬鈴薯燉牛肉

🕐 30 分鐘　🍲 中等

特色

這道最具代表性的日本家庭料理，是每一位主婦必學之菜，蔬菜豐富、牛肉鮮甜，非常適合作為便當菜。

材料

牛肉片 100 克｜馬鈴薯 200 克｜洋蔥 1/2 個｜荷蘭豆 8 個｜紅蘿蔔 1/2 根｜蒟蒻絲 1 小包｜植物油 1 大匙｜清酒 1 大匙｜味醂 1/2 大匙｜細砂糖 1 小匙｜醬油 2 大匙｜鹽少許

烹飪祕笈

建議選擇肥瘦相間的肥牛片。

作法

❶ 馬鈴薯削皮，洗淨，切成大塊，放入水中浸泡後撈出，瀝乾水分。

❷ 紅蘿蔔和洋蔥分別去皮，洗淨，切成小塊。

❸ 將蒟蒻絲汆燙備用。

❹ 將荷蘭豆在淡鹽水中燙熟，放涼備用。

❺ 鍋中放入植物油，加入牛肉片炒散至表面發白。

❻ 加入洋蔥塊、馬鈴薯塊、紅蘿蔔塊、蒟蒻絲翻炒，淋入清酒，加入少許開水煮沸。

❼ 加入細砂糖和味醂，煮約 10 分鐘。

❽ 加入醬油，續煮 5 分鐘至馬鈴薯軟綿。

❾ 裝盤，放上煮好的荷蘭豆即可。

藥食同源的冬日暖身菜
山藥紅蘿蔔燉羊排

🕐 60 分鐘　🍳 中等

特色

羊排是冬日最常用於抵禦風寒、滋補身體的肉類，與山藥、紅蘿蔔一起燉，是一道操作簡單、人人都能烹煮出美味的羊排料理，肉嫩湯清，不見膻味，只留鮮甜。

材料

羊排 300 克｜山藥 200 克｜紅蘿蔔 100 克｜薑片 3 片｜蔥結 1 個｜白胡椒粉少許｜鹽少許

烹飪祕笈

可以根據自己的喜好撒上香菜或者蔥花。

作法

❶ 羊排剁成大塊。

❷ 將羊排和適量清水放入鍋中，大火燒開後再煮 5 分鐘，撈出洗淨。

❸ 紅蘿蔔和山藥分別去皮，洗淨，切成滾刀塊。

❹ 將羊排、薑片、蔥結、白胡椒粉放入湯鍋中，大火煮開，轉中小火燉煮 30 分鐘。

❺ 加入紅蘿蔔塊和山藥塊，繼續煮 15 分鐘，用鹽調味即可。

秋冬暖胃湯

胡椒豬肚雞

🕐 120 分鐘　👨‍🍳 中等

特色

豬肚與雞肉中滲出胡椒的香氣，湯汁清潤香濃，滋補暖身。現磨的胡椒粒香氣濃郁，慢慢融入湯中是好喝的祕訣。

材料

豬肚 1/2 個（約 300 克）｜童子雞 1/2 隻（約 300 克）｜白胡椒粒 1 大匙｜紅棗 4 顆｜枸杞子 1 大匙｜當歸片 2 克｜薑片 3 片｜蔥結 1 個｜鹽適量｜白醋適量｜麵粉適量

烹飪祕笈

1 這道湯品主要靠胡椒粒提升香味，袪除膻味。用白胡椒粉效果較差，不建議替換。
2 可以加入適量黃耆、黨參等藥材，更加滋補。

作法

❶ 將豬肚加入適量鹽、麵粉和白醋，反覆揉搓掉表面黏液，清洗乾淨。

❷ 童子雞剁成塊，汆燙備用。

❸ 豬肚冷水下鍋，煮開後續煮5 分鐘，再取出洗淨。

❹ 將豬肚切成粗條。

❺ 將白胡椒粒敲碎，與當歸片、薑片、蔥結一起放入料包袋中，綁緊。

❻ 將豬肚、雞塊、料包袋一起放入湯鍋中，加入適量開水，大火煮開，轉中火燉煮 1 小時。

❼ 放入紅棗、枸杞子續煮 10分鐘，用鹽調味即可。

🔥 雪白魚湯的祕密
蘿蔔絲軟燉鯽魚
🕐 30 分鐘　👨‍🍳 中等

特色

鯽魚煎得通透，用薑絲炒得透明的蘿蔔絲，一入滾水，湯白如雪。這是一道物美價廉的家常菜餚。

材料

鯽魚 1 條｜白蘿蔔 300 克｜薑絲 3 克｜白胡椒粉少許｜鹽適量｜豬油 1 大匙

作法

❶ 鯽魚洗淨，撒上少許鹽和白胡椒粉醃 10 分鐘，擦乾水分備用。

❷ 白蘿蔔洗淨，切成粗絲。

❸ 在湯鍋中煮沸清水，加入白胡椒粉備用。平底鍋燒熱後放入豬油，再放入鯽魚煎至兩面微微焦黃後，放入湯鍋中。

❹ 將薑絲和白蘿蔔絲放入平底鍋中，中火炒至顏色透明、柔軟，放入湯鍋中。

❺ 湯鍋大火煮開，轉中火燉煮 20 分鐘，用鹽調味即可。

烹飪祕笈

1 使用豬油煎魚後，煮出來的湯汁顏色乳白，香氣濃郁，也可以用植物油代替豬油。

2 如果覺得炒白蘿蔔絲比較麻煩，也可以事先蒸熟。

潔白如玉
干貝燉蘿蔔

🕐 30 分鐘　👨‍🍳 簡單

特色

干貝是極鮮之物，少量入菜就能有截然不同的味道。蘿蔔吸收了高湯與干貝的味道，色澤潔白如玉，滋味清淡鮮美。

材料

蘿蔔 1 根（約 400 克）｜干貝 20 克｜雞湯 2 碗｜鹽少許

烹飪祕笈

雞湯可以用豬骨湯代替，用清水亦可。

作法

❶ 干貝洗淨，用清水浸泡一夜。

❷ 蘿蔔去皮，洗淨，切成小滾刀塊。

❸ 蘿蔔放入湯鍋中，加入清水煮 20 分鐘至完全透明，撈出。

❹ 將蘿蔔塊重新放回小鍋中，加入干貝和泡干貝的水、雞湯一起煮開，中火燉煮 20 分鐘，用鹽調味即可。

特色

蘿蔔乾與豇豆乾、寒冬與酷夏、枝頭與地下，借助自然的力量晾晒成乾品，共同清煮，滋味清淡而悠遠。

材料

蘿蔔乾 50 克 | 豇豆乾 50 克 | 素高湯 1 碗 | 鹽少許

烹飪祕笈

素高湯的作法是將黃豆芽、白菜、秀珍菇放入清水中煮 1 小時，過濾出湯汁即可使用。

山間清味
蘿蔔乾清燉豇豆乾

🕐 30 分鐘　👨‍🍳 中等

作法

❶ 將蘿蔔乾和豇豆乾分別浸泡在清水中至完全柔軟，撈出瀝乾水分。

❷ 將蘿蔔乾和豇豆乾分別切成10 公分左右的長段。

❸ 在湯鍋中將素高湯燒開，放入蘿蔔乾和豇豆乾，燉煮20 分鐘。

❹ 加入鹽調味，即可裝盤。

🔥 鹹鮮味美
雪菜燉豆腐

🕐 30 分鐘　🍳 簡單

特色

雪菜入菜有特別的鮮味，小火慢燉，讓滋味滲入豆腐中。如用凍豆腐代替板豆腐，吸飽湯汁，更有滋味。

材料

板豆腐 1 塊（約 300 克）| 雪菜 100 克 | 蝦米 10 克 | 蔥結 1 個 | 薑片 2 片 | 植物油 1 大匙 | 鹽適量

烹飪祕笈

1 雪菜較鹹，請清洗多次，去除鹽分後再使用。

2 用高湯代替清水味道更好，魚湯尤為鮮美。

作法

❶ 蝦米洗淨，放入小碗中，加入清水泡 3 小時備用。

❷ 將雪菜洗淨，切成小段備用。

❸ 豆腐切成約 2 公分的塊狀，汆燙備用。

❹ 鍋中放入植物油燒熱，加入蔥結、薑片煎出香味，加入蝦米和雪菜炒出香味。

❺ 加入適量開水煮沸，放入豆腐燉煮 10 分鐘左右，用鹽調味即可。

濃濃奶香
奶油燉菜

🕐 30 分鐘　👨‍🍳 中等

特色

這是寒冬裡最為慰藉人心的菜餚，奶香味濃、細膩而醇厚，蔬菜與肉類隱身其中，充滿著療癒的力量。

材料

雞腿肉 200 克｜洋蔥 1/2 個｜青花菜 100 克｜白蘑菇 6 朵｜紅蘿蔔 1/2 根｜牛奶 500cc｜月桂葉 1 片｜奶油 30 克｜鹽少許｜黑胡椒粉少許｜低筋麵粉 30 克

烹飪祕笈

1 加入少許肉豆蔻、丁香或者桂皮味道更好。

2 可以使用市售的奶油燉菜塊代替麵粉與牛奶。

作法

❶ 將雞腿肉切成大塊，撒上鹽和黑胡椒粉，醃 10 分鐘使之入味。

❷ 洋蔥去皮，切成大塊；紅蘿蔔去皮，洗淨，切成滾刀塊。

❸ 白蘑菇洗淨，對半切開；青花菜切成小朵，洗淨。

❹ 熱鍋後放入奶油煮至溶化，再放入月桂葉和洋蔥塊炒軟至透明。

❺ 加入麵粉充分混合均勻，沒有結塊，炒約 3 分鐘。

❻ 倒入牛奶，轉中火，用力攪拌，使之均勻。

❼ 加入雞肉塊和紅蘿蔔，繼續熬煮 10 分鐘（如果太濃稠，可以加入適量清水或牛奶調整）。

❽ 加入白蘑菇、青花菜繼續煮 5 分鐘，用鹽和黑胡椒粉調味，煮至濃稠即可裝盤。

🔥 秋日的清甜甜品
桃膠燉雪梨

🕐 120 分鐘　　🧁 簡單

特色

桃膠是桃樹上分泌的樹脂，煮後晶
瑩剔透，口感順滑，搭配雪梨燉
煮，非常滋潤，最適合乾燥的秋冬
季節享用。

材料

桃膠 10 克｜雪梨 1 個｜冰糖適
量｜枸杞子 10 粒｜乾銀耳 1/2
朵

烹飪祕笈

加入蔓越莓乾、藍莓乾味道更好。

作法

❶ 將桃膠提前一天加大
量清水泡發，清洗掉雜質
備用。

❷ 銀耳提前泡發，撕成
小塊，清洗乾淨。

❸ 雪梨去皮、去核，切
成小塊。

❹ 將桃膠、銀耳、冰糖、
枸杞子放入湯鍋中，加入
足量清水，大火煮開，轉
小火燉煮 1 小時左右。

❺ 加入雪梨，續煮 15 分
鐘至黏稠即可。

Chapter 4

鍋物

層層疊疊
白菜千層豬肉鍋

🕐 20 分鐘　　👨‍🍳 中等

特色

紅遍日本的白菜千層豬肉鍋，層層疊疊，規整有序。肉之香、菜之甜，相互融合，色香味俱全。

材料

白菜 1/2 棵（約 300 克）｜豬五花肉薄片（火鍋用）100 克｜日式高湯 1 碗｜鹽適量

烹飪祕笈

1 日式高湯可以換成雞湯或者豬骨湯，不介意顏色的可以加適量醬油。
2 傳統的吃法是蘸日式橙醋食用，若沒有橙醋可省略。

作法

❶ 將白菜洗淨，一片片剝下來。

❷ 將白菜平放在砧板上，鋪上一層豬五花肉片，再放上一層白菜，重複 3～4 層。

❸ 橫切成 3～4 段。

❹ 將切好的豬肉白菜豎著排入砂鍋中，如同樹木的年輪狀。

❺ 將日式高湯和適量鹽混合均勻，淋入鍋中，蓋上鍋蓋。

❻ 以大火煮開後，轉中小火續煮 10 分鐘左右即可。

香菜牛肉丸子鍋

✎ 無香菜沒牛丸

🕐 30 分鐘　🧑‍🍳 中等

特色

看似略顯奇怪的搭配，只要嘗試過一次就一定會念念不忘。味道強烈的兩者，像是最親密無間的情侶，從此無香菜沒牛丸。

材料

牛肉 400 克 | 香菜 30 克 | 生菜 100 克 | 牛骨湯 1 碗 | 麵粉 10 克 | 鹽適量 | 白胡椒粉少許 | 植物油 1 小匙

烹飪祕笈

1 如果喜歡香菜的味道，可以用香菜代替生菜，味道更加濃郁。

2 香菜牛肉丸一次可以多做一些，冷藏可保存 3 天，冷凍可保存 1 個月。

3 不使用牛骨湯可以用清水代替，或者製作成麻辣的火鍋版本也很美味。

4 可以將牛肉與豬肉按照 1：1 的比例混合，口感更豐富。

作法

❶ 牛肉洗淨，放入攪拌機攪碎。

❷ 加入 8 克鹽、少許白胡椒粉、100 克冰水、10 克麵粉、1 小匙植物油繼續攪成肉泥狀，取出放入料理碗中。

❸ 香菜切碎，加入作法 2 中，用力順著同一方向攪打至黏稠。

❹ 鍋中燒開一鍋水，轉小火至微微沸騰狀態。將香菜肉泥擠成丸子狀，一個個丟入鍋中，煮至丸子浮在水面上即可。

❺ 在湯鍋中放入牛骨湯和適量鹽煮開，加入香菜牛肉丸煮 5 分鐘，放入生菜煮開即可。

經典日式火鍋
壽喜燒

🕐 30 分鐘　👨‍🍳 簡單

特色

日式料理店裡鹹甜味濃的壽喜燒，多種食材風味交融，在家做起來也很簡單，最適合邀請三五好友一起享用。

材料

牛肉片 200 克｜香菇 4 朵｜蒟蒻絲 100 克｜茼蒿 50 克｜大蔥白 1 根｜日式高湯 100cc｜味醂 3 大匙｜醬油 3 大匙｜細砂糖 2 大匙｜奶油 20 克

烹飪祕笈

1 傳統的吃法是蘸食生雞蛋液，但務必選擇可生食的雞蛋。

2 建議選擇帶有脂肪的肉片，太瘦的肉片久煮容易變柴，請減少烹煮時間。

作法

❶ 香菇去蒂，洗淨，頂部劃星型；大蔥白洗淨，斜切成段。

❷ 蒟蒻絲汆燙備用。

❸ 砂鍋中放入奶油煮至溶化，加入牛肉片炒散。

❹ 排入香菇、蒟蒻絲、蔥白段、茼蒿。

❺ 將味醂、日式高湯、醬油、細砂糖混合均勻，淋入鍋中。

❻ 將砂鍋放在爐上燒開，接著煮 3 分鐘即可。

解膩又解饞
茄汁肥牛鍋

🕐 30 分鐘　👨‍🍳 簡單

特色

茄汁的酸甜能解肥牛肉片的油膩，搭配蒟蒻絲與菠菜，解饞又健康，若淋上一杓辣油，又是另一道美味。

材料

肥牛肉片 200 克｜番茄 3 個｜番茄醬 50 克｜蒟蒻絲 100 克｜菠菜 50 克｜玉米 1 小根｜蘑菇 2～3 朵｜植物油 2 小匙｜鹽少許｜黑胡椒碎少許

烹飪祕笈

可以在鍋中加入自己喜歡的蔬菜種類。

作法

❶ 番茄洗淨，在頂部劃十字，放入滾水中汆燙至皮裂開，撈出用冷水沖涼，去皮。

❷ 將番茄切成大塊。

❸ 蒟蒻絲汆燙；菠菜洗淨、切段；玉米切段；蘑菇切半。

❹ 熱鍋後加入植物油，放入番茄炒至出汁、微微軟爛，加入番茄醬、適量清水、黑胡椒碎、鹽炒勻，倒入砂鍋中。

❺ 再鋪上肥牛肉片、蒟蒻絲、玉米、蘑菇和菠菜。

❻ 蓋上鍋蓋，放在爐上燒開，接著煮 8 分鐘至牛肉片熟透即可。

廣式暖身鍋
腐竹羊肉鍋

🕐 60 分鐘　🍽 中等

特色

羊肉是經典的驅寒食物，腐竹飽吸羊肉的香氣與紅蘿蔔的鮮甜，比肉更令人驚豔。加入荸薺或甘蔗，既能去火，更能去膻。

材料

羊腿肉 300 克｜紅蘿蔔 1/2 根｜腐竹 50 克｜柱候醬 1 大匙｜南乳 2 塊｜老抽 1 小匙｜薑片 2 片｜白胡椒粉少許｜植物油 1 大匙｜料理酒 2 大匙｜鹽適量

烹飪祕笈

1 羊肉比較燥熱，可以加入荸薺或者甘蔗，去膻味，降火。
2 用羊排來做同樣美味。

作法

❶ 紅蘿蔔去皮，洗淨，切成滾刀塊；腐竹提前泡軟，切成長段。

❷ 羊腿肉切塊，用料理酒和鹽、胡椒粉醃 10 分鐘。

❸ 鍋中放油燒熱，放入羊腿肉煎至焦黃上色。

❹ 加入薑片、南乳、柱候醬、老抽翻炒，加入適量開水煮開，蓋上鍋蓋燉煮 30 分鐘左右。

❺ 加入紅蘿蔔燜煮至柔軟。

❻ 再加入腐竹燉煮片刻，大火收汁至濃稠即可。

◢ 濃湯餃子鍋
海帶絲老鴨水餃鍋
🕐 120 分鐘　　👨‍🍳 中等

特色
用海帶絲慢慢燉煮出濃濃的老鴨湯，只是為了煮餃子。每一滴都不想浪費的餃子湯，煮出芹菜餡的餃子，滋味更美妙。

材料
老鴨 1/2 隻 | 海帶絲 200 克 | 冷凍水餃 10 個 | 薑片 2 片 | 蔥結 1 個 | 白酒 1 小匙 | 鹽少許 | 植物油適量

烹飪祕笈
建議選擇芹菜肉餡的餃子，味道更好。

作法

❶ 鴨子洗淨，剁成塊。

❷ 海帶絲用水浸泡掉多餘鹽分，切段備用。

❸ 鍋中放油燒熱，加入鴨塊煸炒，倒入白酒，炒至鴨肉表面變白撈出。

❹ 將鴨塊、薑片、蔥結、海帶絲放入砂鍋中，加入適量水，大火煮開，轉中火燉煮 40 分鐘左右至鴨子完全軟爛。

❺ 加入水餃煮熟，用鹽調味即可。

韓式雞腿年糕鍋

辣炒年糕的豪華版

🕐 30 分鐘　👐 中等

特色

辣炒年糕是韓國最尋常的街頭小吃，加入嫩滑的雞腿肉與酸辣的辣白菜，味道醇厚，讓人欲罷不能。

材料

雞腿肉 100 克｜辣白菜 100 克｜年糕 200 克｜洋蔥 1/4 個｜韭菜 30 克｜韓式辣椒醬 1 大匙｜醬油 1 大匙｜清酒 1 大匙｜蒜蓉 1/2 大匙｜薑泥 2 克｜細砂糖 2 小匙｜香油 2 小匙｜植物油 1 大匙

烹飪祕笈

1 將雞腿肉換成豬五花肉薄片或者牛肉片同樣好吃。
2 建議選擇老一些的辣白菜，酸味重，比較解膩。

作法

❶ 將雞腿肉切成適口的大小，辣白菜切成塊。

❷ 洋蔥去皮、切成粗絲；韭菜洗淨，切成段。

❸ 將韓式辣椒醬、醬油、清酒、蒜蓉、薑泥、細砂糖、香油混合均勻成醬汁。

❹ 砂鍋中放入植物油，加入雞腿肉煎上色。

❺ 加入辣白菜和洋蔥略微翻炒。

❻ 放入韭菜和年糕，淋入醬汁和少許清水，蓋上鍋蓋。

❼ 放在爐上燒開，煮 8 分鐘左右至雞腿熟透即可。

暖身暖心
咖哩雞肉鍋

🕐 40 分鐘　👨‍🍳 中等

特色

熱呼呼還略帶迷人香料風味的咖哩，吃完從頭暖到腳。這是一道簡單卻豐盛的菜餚，最後在鍋中下一包烏龍麵，就是烏龍麵店裡誘人的咖哩烏龍麵啦！

材料

雞腿肉 300 克｜紅蘿蔔 1 根｜洋蔥 1/2 個｜馬鈴薯 1 個｜咖哩塊 4 塊｜烏龍麵 1 包｜植物油 1 大匙｜黑胡椒碎少許｜鹽少許

烹飪祕笈

增加鮮奶油、牛奶、椰漿等食材，可使風味更加濃郁。

作法

❶ 將雞腿肉切成大塊，用鹽和黑胡椒碎醃 10 分鐘。

❷ 紅蘿蔔、馬鈴薯、洋蔥分別去皮、洗淨，切成滾刀塊。

❸ 將紅蘿蔔和馬鈴薯放入蒸鍋中蒸 10 分鐘至熟。

❹ 咖哩塊放入小碗中，倒入開水拌勻溶化。

❺ 熱鍋後放入植物油，加入雞腿肉煎至表面發白。

❻ 放入洋蔥、馬鈴薯、紅蘿蔔、烏龍麵，倒入咖哩汁。

❼ 蓋上鍋蓋，放在爐上煮開，接著煮 5 分鐘即可。

無油更清爽
關東煮

⏱ 60 分鐘　🍳 簡單

特色

關東煮是日本街頭常見的小吃，也是家庭中最常見的火鍋。不使用油脂，以味美的日式高湯提出食物的味道，柔和而自然。

材料

白蘿蔔 300 克｜蒟蒻 100 克｜魚豆腐 100 克｜魚餅 100 克｜雞蛋 2 個｜日式高湯 400cc｜醬油 2 大匙｜味醂 2 大匙

烹飪祕笈

1 關東煮的食材非常豐富，福袋、竹筍、海帶、年糕、章魚腳都非常適合。
2 可以直接使用市售的關東煮調味料理包烹煮，更加方便。

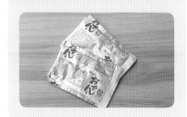

作法

❶ 將蒟蒻切成適口的大小，汆燙備用。

❷ 白蘿蔔洗淨去皮，切成厚約 2 公分的片狀。

❸ 將蘿蔔放入鍋中，加清水煮 20 分鐘，至透明撈出。

❹ 雞蛋入鍋煮 5 分鐘，撈出過冷水，去殼。

❺ 將日式高湯、醬油、味醂放入砂鍋中煮開，再放入白蘿蔔、蒟蒻、魚豆腐、魚餅、雞蛋，蓋上蓋子。

❻ 將砂鍋放在爐上煮開，接著煮 10 分鐘使之入味即可。

醇厚濃香
起司海鮮義麵鍋

🕐 30 分鐘　🍴 中等

特色

在酸甜的茄汁湯底中大量使用起司片，醇厚濃香，最適合烹煮清淡的海鮮與蔬菜。放入清香的羅勒葉能顯著提升風味，建議最後放入以保留香味。

材料

義大利麵 120 克｜蝦子 6 隻｜蛤蜊 4 個｜鯛魚肉 100 克｜番茄罐頭 1/2 罐（約 200 克）｜青花菜 100 克｜高湯塊 1 個｜起司片 4 片｜羅勒葉 10 片｜黑胡椒碎少許

烹飪祕笈

1 如果酸味較重，可以加入適量細砂糖調整酸甜味。
2 海鮮可換成自己喜歡的種類。
3 如果不使用番茄罐頭，可以用新鮮番茄代替。

作法

❶ 蝦子挑除腸泥，剪去蝦鬚備用。

❷ 鯛魚肉切成適口的塊狀。

❸ 青花菜切成方便食用的小朵，洗淨。

❹ 義大利麵在沸水中煮至七分熟，撈出過冷水，瀝乾水分備用。

❺ 將番茄罐頭、高湯塊和少許清水放入炒鍋中煮沸，至高湯塊溶化。

❻ 放入蝦子、蛤蜊、鯛魚肉、青花菜、義大利麵煮開，續煮 5 分鐘左右至海鮮完全熟透。

❼ 放入起司片煮至溶化，裝盤。

❽ 放上羅勒葉和少許黑胡椒碎即可。

四川家常火鍋
川味酸辣
豆腐魚片鍋

🕐 30 分鐘　🍴 中等

特色

鮮嫩的魚片、柔滑的豆腐、酸辣的湯汁，每一口都讓人欲罷不能，如同置身於巴山蜀水間。

材料

草魚肉 300 克｜豆腐 1 盒｜酸青菜 100 克｜泡薑片 20 克｜芹菜段 30 克｜蔥段 10 克｜火鍋底料 100 克｜麵粉水少許｜白胡椒粉少許｜料理酒 1 大匙｜乾辣椒 2 個｜乾花椒 5 粒｜植物油 1 大匙｜鹽少許

烹飪祕笈

1 如果想做成火鍋，可以將魚片先擺上桌，要吃的時候再汆燙。
2 可以將魚骨煮湯用來代替清水，更加鮮美。
3 可以用香菜代替芹菜。

作法

❶ 將草魚肉切成薄片。

❷ 魚片放入碗中，加入少許鹽、白胡椒粉、麵粉水、料理酒混合均勻，醃 10 分鐘。

❸ 酸青菜切成段。

❹ 鍋中放油，加入火鍋底料、乾花椒、乾辣椒爆炒出香味。

❺ 加入泡薑片、酸青菜炒出酸味，加入適量開水煮 5 分鐘。

❻ 豆腐切成大塊，放入鍋中。

❼ 放入魚片煮至熟。

❽ 撒上芹菜段和蔥段即可。

調味一種足矣

味噌牡蠣蘿蔔鍋

🕐 30 分鐘　👨‍🍳 簡單

特色

味噌鹹鮮味美，是對身體大有助益的發酵食物，只有一味卻味道豐富。蘿蔔與牡蠣是經典搭配，最適合冬日與三五好友圍坐在一起享用。

材料

白蘿蔔 300 克｜牡蠣肉 100 克｜韭菜 30 克｜雪白菇 50 克｜味噌 2 大匙

烹飪祕笈

1 可以加入豆腐、冬粉、蒟蒻絲同煮，鹹鮮味濃。

2 剩下的湯汁可以拌飯或者拌烏龍麵吃。

作法

❶ 蘿蔔洗淨去皮，切成約 2 公分厚的片狀。韭菜洗淨；雪白菇洗淨。

❷ 將蘿蔔放入小鍋中，加清水煮 20 分鐘，至透明撈出。

❸ 牡蠣洗淨泥沙，瀝乾水分備用。

❹ 在砂鍋中放入白蘿蔔、牡蠣肉、雪白菇、韭菜，倒入一碗清水。

❺ 將砂鍋放在爐上燒開，煮 5 分鐘左右。

❻ 放入味噌拌勻調味，煮開即可。

酸酸辣辣的泰國風味
冬陰功蔬菜鍋

🕐 30 分鐘　　🍳 中等

特色

「冬陰功」是極具代表性的泰國料理，酸酸辣辣、非常開胃。在傳統的版本上大量使用蔬菜，還可以涮肉類、海鮮，做成冬陰功火鍋。

材料

蝦子 8 隻｜蛤蜊 200 克｜草菇 200 克｜小番茄 100 克｜玉米 1 根｜青花菜 1 棵｜冬陰功湯料 2 大匙｜檸檬 1 個｜香菜段 5 克｜椰漿 50cc｜鹽少許

烹飪祕笈

1 食材可以替換為自己喜歡的種類。
2 可以作為鍋底，涮肉類、海鮮、蔬菜等。

作法

❶ 蝦子挑除腸泥，剪去蝦鬚備用。

❷ 蛤蜊提前用鹽水浸泡，吐去泥沙。

❸ 青花菜切成方便食用的小朵，洗淨；玉米洗淨，切小段；小番茄洗淨，一切為二。

❹ 將冬陰功湯料、椰漿、適量清水和少許鹽放入砂鍋中煮開。

❺ 放入蝦子、蛤蜊、草菇、小番茄、玉米、青花菜，大火煮開，繼續煮 5 分鐘至食材熟透。

❻ 放上香菜段，擠入檸檬汁即可。

暖暖豆香
豆漿豆腐鍋

🕐 30 分鐘　　👨‍🍳 簡單

特色

用豆漿作為湯底，湯汁濃郁，熱量卻極低。起司片是濃滑的祕密武器，而且多多益善。

材料

嫩豆腐 1 塊（約 300 克）｜娃娃菜 1 棵｜魚丸 100 克｜鴻喜菇 50 克｜青花菜 50 克｜無糖豆漿 400cc｜起司片 2 片｜高湯塊 1 個｜鹽適量｜黑胡椒碎適量

烹飪祕笈

建議選擇濃度較高的豆漿，豆香味更加濃郁。

作法

❶ 將青花菜切成小朵，洗淨；娃娃菜洗淨，切成段。

❷ 在砂鍋中放入豆漿、高湯塊、起司片、適量鹽和黑胡椒碎煮開。

❸ 嫩豆腐輕輕切成大塊，放入砂鍋中。

❹ 放入青花菜、娃娃菜、鴻喜菇、魚丸煮開後，續煮 5 分鐘即可。

特色

香菇與油豆腐是熬煮一鍋蔬食濃湯的關鍵食材，煮出的湯汁味道鮮美，不遜於骨湯。加上絲瓜的清甜，雖是蔬食卻不寡淡。

材料

香菇 100 克｜絲瓜 200 克｜油豆腐 10 個｜枸杞子 1 小匙｜雞湯 300cc｜鹽少許

烹飪祕笈

1 可以用油麵筋代替油豆腐。
2 可以用素高湯代替雞湯，做成全素的素鍋。

濃湯蔬食鍋

香菇絲瓜油豆腐鍋

🕐 30 分鐘　　🎩 簡單

作法

❶ 將香菇洗淨，一切為二。

❷ 絲瓜削皮、洗淨，切成滾刀塊。

❸ 雞湯倒入砂鍋中，加入少許鹽，放入香菇、絲瓜、油豆腐，撒入枸杞子。

❹ 將砂鍋放在爐上燒開，接著煮 5 分鐘即可。

國家圖書館出版品預行編目(CIP)資料

一次學會蒸・燉・煮！用簡單食材變化出豐富菜餚，
做出自己的專屬美味！/ 薩巴蒂娜主編. -- 初版. --
新北市：大眾國際書局，西元2020.1
192面；17×23公分 . -- （瘋食尚；7）

ISBN 978-986-301-940-4（平裝）

427.1   108016785

瘋食尚SFA007

一次學會蒸・燉・煮！用簡單食材變化出豐富菜餚，做出自己的專屬美味！

主　　　　　編	薩巴蒂娜

總　　編　　輯	楊欣倫
協　力　編　輯	徐淑惠
特　約　主　編	林涵芸
封　面　設　計	張雅慧
排　版　公　司	芊喜資訊有限公司
行　銷　統　籌	楊毓群
行　銷　企　劃	蔡雯嘉

出　版　發　行	大眾國際書局股份有限公司 海濱圖書
地　　　　　址	22069新北市板橋區三民路二段37號16樓之1
電　　　　　話	02-2961-5808（代表號）
傳　　　　　真	02-2961-6488
信　　　　　箱	service@popularworld.com
海濱圖書FB粉絲團	http://www.facebook.com/seashoretaiwan

總　　經　　銷	聯合發行股份有限公司
電　　　　　話	02-2917-8022
傳　　　　　真	02-2915-7212

法　律　顧　問	葉繼升律師
印　刷　協　力	群鋒企業有限公司
初　版　一　刷	西元2020年1月
定　　　　　價	新臺幣350元
Ｉ　Ｓ　Ｂ　Ｎ	978-986-301-940-4

海濱圖書讀者回函卡

謝謝您購買海濱圖書，為了讓我們可以做出更優質的好書，我們需要您寶貴的意見。回答以下問題後，請沿虛線剪下本頁，對折後寄給我們（免貼郵票）。日後海濱圖書的新書資訊跟優惠活動，都會優先與您分享喔！

✍ 您購買的書名：_____

✍ 您的基本資料：
　　姓名：_____ ，生日：____年____月____日，性別：□男　□女
　　電話：_____ ，行動電話：_____
　　E-mail：_____
　　地址：□□□-□□ _____縣／市 _____鄉／鎮／市／區
　　　　　_____路／街_____段_____巷_____弄_____號_____樓／室

✍ 職業：
　　□學生 □家庭主婦 □軍警/公教 □金融業 □傳播/出版 □生產/製造業 □服務業
　　□旅遊/運輸業 □自由業 □其他 _____

✍ 您的閱讀習慣：
　　□文史哲 □藝術 □生活風格 □休閒旅遊 □健康保健 □美容造型 □兩性關係 □百科圖鑑
　　□其他_____

✍ 您對本書的看法：
　　您從哪裡知道這本書？□書店　□網路　□報章雜誌　□廣播電視
　　□親友推薦　□師長推薦　□其他 _____
　　您從哪裡購買這本書？□書店　□網路書店　□書展　□其他 _____

✍ 您對本書的意見？
　　書名：□非常好　□好　□普通　□不好　　　封面：□非常好　□好　□普通　□不好
　　插圖：□非常好　□好　□普通　□不好　　　版面：□非常好　□好　□普通　□不好
　　內容：□非常好　□好　□普通　□不好　　　價格：□非常好　□好　□普通　□不好

✍ 您希望本公司出版哪些類型書籍（可複選）
　　□甜點食譜 □料理食譜 □飲食文化 □美食導覽 □圖鑑百科 □其他 _____

✍ 您對這本書及本公司有什麼建議或想法，都可以告訴我們喔！

_____
_____
_____

海濱圖書

新北市板橋區三民路二段 37 號 16 樓之 1

220-69

寄件人地址：

□□□-□□

縣/市　　　鄉/鎮/市/區

路/街　　　段　　　巷　　　弄　　　號　　　樓/室

免貼郵票

廣告回信

板橋郵局登記證

板橋廣字第 987 號

海濱圖書

服務電話：(02)2961-5808（代表號）

傳真專線：(02)2961-6488

e-mail：service@popularworld.com

海濱圖書 FB 粉絲團：http://www.facebook.com/seashoretaiwan